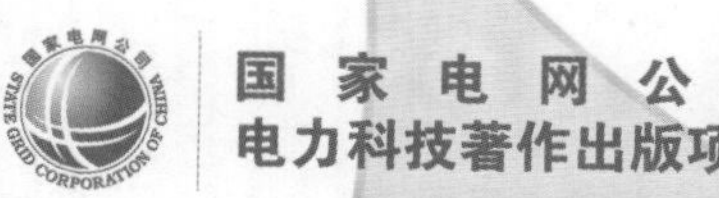

科普系列图书

CSEE-SP21-2019-B16

蒙汉双语读物

太阳能

——金色的能量

中国电机工程学会 组编

主 编 黄其励

副主编 肖 兰

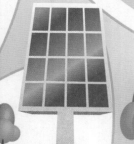

中国电力出版社
CHINA ELECTRIC POWER PRESS

图书在版编目（CIP）数据

太阳能：金色的能量：蒙汉双语读物 / 黄其励主编．—北京：中国电力出版社，2019.5（2019.9重印
ISBN 978-7-5198-3120-2

Ⅰ．①太… Ⅱ．①黄… Ⅲ．①太阳能－普及读物－蒙、汉 Ⅳ．①TK511-49

中国版本图书馆 CIP 数据核字（2019）第 078985 号
中图审图号：GS（2014）672 号

出版发行：中国电力出版社
地　　址：北京市东城区北京站西街 19 号（邮政编码 100005）
网　　址：http://www.cepp.sgcc.com.cn
责任编辑：谭学奇　肖　兰
责任校对：黄　蓓　常燕昆
装帧设计：张俊霞
责任印制：吴　迪

印　　刷：北京瑞禾彩色印刷有限公司印刷
版　　次：2019 年 7 月第一版
印　　次：2019 年 9 月北京第二次印刷
开　　本：710 毫米 ×980 毫米　16 开本
印　　张：6.25
字　　数：86 千字
定　　价：19.80 元

《太阳能——金色的能量》蒙汉双语读物编审组

主　　编　黄其励

副 主 编　肖　兰

编写人员　（按姓氏笔画排序）

丁　杰　小布穷　王炳强　包红梅　伍晶晶　刘志宏　何　郁

李明佳　肖　兰　肖伟伟　周　缨　高永旺　曹　荣　谭学奇

审稿人员　王文静　白凤武

翻　　译　包红梅

译文审核　秀　梅

摄　　影　伍晶晶　张俊霞　呼　唤

责任编辑　谭学奇　肖　兰

绘　　图　戴　利　张俊霞

鸣谢单位　内蒙古自治区电机工程学会

国家太阳能光热产业技术创新战略联盟

2017 ᠣᠨ ᠤ 3 ᠰᠠᠷ᠎ᠠ

前言

在浩瀚的宇宙中，太阳是离地球最近的恒星。科学家推算太阳寿命大约是100亿年，未来还能为地球继续服务50亿年。太阳是一个巨大而炽热的气体星球，这个庞然大物可以装下100万个地球。正是因为有了太阳，地球上的生命才得以孕育，低级生命才得以进化为高等生物，人类才得以发展出现代的科技与文明。

太阳是一个巨大、恒久、无尽的能量来源，它源源不断地以电磁波的形式向宇宙空间放射能量，地球所接收到的仅为太阳总辐射的22亿分之一，然而地球每秒钟接受的能量就相当于500万吨标准煤。这些来自太阳的辐射——太阳能，能够产生热，引起化学反应，或直接发电，对地球上的生命存在和维持地球表面的自然过程都极为重要。风能、水能、生物质能、海洋温差能、波浪能及部分潮汐能都来源于太阳。地球上的煤炭、石油等化石燃料，从根本上来说，也是远古以来储存下来的太阳能，可以说地球上绝大部分能源皆源自太阳。

“长河落日圆”“白日依山尽”，中国古代诗歌描绘了太阳的雄奇壮美。在古中国、古印度、古埃及、古希腊和古印加帝国的文化中，深深地烙下了太阳崇拜的痕迹，这些地方也成为太阳文化发源地。人类主动利用太阳能的历史源远流长，从取火的阳燧、计时的日晷，到太阳能光发电、热发电，太阳能汽车、飞机，太阳能建筑、采暖……人类对太阳能的利用已经进入了飞跃发展阶段，在21世纪，太阳能作为能源的吸引力正在不断增强。

2015年，我国新增光伏发电装机容量约15000兆瓦，全国光伏发电累计装机容量约43000兆瓦，超越德国成为全球光伏发电累计装机容量最大的国家。

在当前的发展中，能源消耗的增长、环境保护的压力、可持续发展的迫切需求，使人类遇到了前所未有的困难与挑战。与煤炭、石油等常规能源和核能相比，太阳能具有广泛性、清洁性、永久性等优势。如果能从经济、生态、国民福利和国家整体规划来全面研究考量，逐渐化解其收集、转换与储存技术和费用方面的不利因素，那么太阳能的广泛、深度利用必将成为解决人类社会能源与环境困境的一把关键“钥匙”。

《太阳能——金色的能量》这套科普丛书，生动地揭示了与太阳能有关的文化历史、科技人物、资源利用和太阳能发电相关知识。这本书图文并茂、深入浅出，可以说立体式地展现了有关太阳能的方方面面。我相信无论是关注能源、热心电力的“大朋友”，还是热衷学习、积极探索的“小朋友”，都能从本书中有所收获。

黄其励

2017 年 3 月

主要人物介绍

李斌

李斌

来自北京的青年干部，研究太阳能应用技术的工程师。对关于太阳的文化、历史、科技知识都很了解，热心公益与教育工作。

萨日娜

内蒙古太阳能电站的年轻蒙古族工程师，致力于太阳能光伏发电技术研发工作。

萨日娜

高娃

高娃

内蒙古呼和浩特某中学的老师，朝鲁和娜拉的班主任，温柔善良，和蔼可亲。

朝鲁

朝鲁

内蒙古呼和浩特某中学初二年级学生，活泼调皮，思维活跃，爱好科学技术，喜欢抢答和提问。

娜拉

内蒙古呼和浩特某中学初二年级学生，聪明可爱，落落大方，观察细致，热爱科学，善于发现问题和总结规律。

娜拉

[illegible]

[illegible]

ᠬᠦᠮᠦᠨ ᠦ ᠡᠷᠬᠡ — ᠪᠦᠬᠦ ᠬᠦᠮᠦᠨ ᠦ ᠬᠠᠮᠢᠶᠠᠷᠤᠯᠲᠠ ᠶᠢᠨ ᠡᠷᠬᠡ ᠶᠢᠨ ᠪᠠᠲᠤᠯᠠᠯ ᠤᠨ ᠠᠰᠠᠭᠤᠳᠠᠯ

目录

第3章 光明的使者——太阳能发电

POLICE

第1章 生命的源泉——太阳

绵延万载的希望
人类文明的原点
孕育万物的生长
慈光普照的太阳

拜日图

在内蒙古呼和浩特一所中学里正在举办“科普进校园”活动，来自北京的青年援蒙干部李斌工程师正为参与活动的同学们上一堂科学知识普及课——能源界的新宠：太阳能！

班主任高娃对同学们说：“今天我们要上一堂关于太阳能发电的科学知识普及课，下面欢迎来自北京的李斌工程师为我们讲解！”

李斌工程师走到同学们面前：“你们知道广泛分布于阴山、狼山地区的5万多幅岩画吗?”

娜拉回答：“知道，是古代生活在内蒙古地区的游牧民族雕凿在岩石上的图像。”

李斌工程师接着说：“说对了，这些岩画中就有反映先民太阳崇拜的‘拜日图’。”

知识链接

阴山岩画，是生活在中国古代北方的各个民族历经不同时期创造而成的，其中以旧石器时代晚期至青铜器时代中期的岩画最为鼎盛。岩画广泛雕凿在内蒙古阴山、狼山山脉东西跨越300千米的地区，题材涉及天体、神灵、动物、人物、器物等题材，包含大量的图案、符号、标记。阴山岩画早在北魏时期就被地理学家郦道元发现，并在所著的《水经注》中做出详尽的记录。2006年，阴山岩画以其新石器至青铜时代石刻蕴含的巨大历史价值、艺术价值，被国务院批准列入第六批全国重点文物保护单位名单。

吴庆杰 摄
内蒙古乌兰毛都草原那达慕大会

蒙古族人十分崇拜太阳，崇尚太阳升起的东方，认为事情从阳面开始、遵循太阳公转是吉祥的。在秋冬季节，蒙古族人都要在阳面放牧牛羊。蒙古人建筑的窗户和门都要朝向太阳升起的方向。

太阳崇拜作为蒙古族先民的宗教信仰，在各类蒙古典籍中广泛存在。最有代表性的就是《蒙古秘史》中记载，成吉思汗所在民族的始祖孛端察儿（成吉思汗的十世祖）就是感日月之光孕育而生。《蒙古秘史》中还提到，成吉思汗在经历敌人偷袭顺利逃生后，“面对太阳跪拜九次，洒奠而祝祷”，生动记载了蒙古族人的拜日仪式。

知识链接

《蒙古秘史》是蒙古文的汉译本名称，又称《元朝秘史》，约在13世纪写成，作者佚名。因为涉及民族的天机和隐秘，在蒙古族入主中原的元代秘而不传，《蒙古秘史》原书畏兀儿体蒙古文版后来神秘失踪。《蒙古秘史》主要记载了成吉思汗历代祖先的事迹和家谱档册，还有当时的社会状况，军事、经济、文化政治、教育、医疗等内容。《蒙古秘史》是蒙古民族现存最早的历史文学长卷，1989年被联合国教科文组织列为世界名著。

太阳的传说

后羿射日的传说出自中国上古文化珍品《山海经》等著作中。

后羿，中国神话中的射日英雄。传说在尧做国君的时代，10个太阳同时升起、不再落下，大地如同火炉，草木纷纷枯萎。后羿为了营救百姓用弓箭射杀了9个太阳。被射杀的太阳是天帝的9个儿子，后羿因此被发怒的天帝贬斥人间。后人为了纪念后羿为民除害的伟大功绩，尊其为“宗布神”。

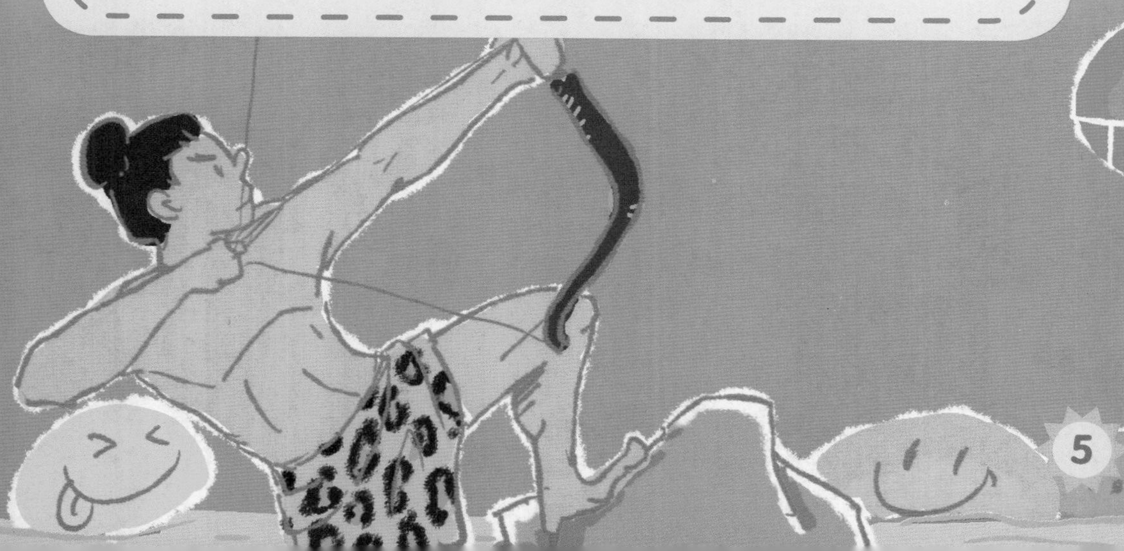

关于太阳的神话有很多。太阳崇拜在古代非常普遍，世界上共有五大太阳崇拜地和太阳文化发源地，分别是古中国、古印度、古埃及、古希腊和南美洲的古印加帝国，大家都尊太阳为神，认为是太阳赐予了人类一切！

早在公元前14世纪的古埃及，太阳被尊为“阿吞神”（阿吞就是指“一轮红日”），人们曾一度将其奉为绝对、唯一的神。直到现在，在埃及的建筑雕刻和壁画上仍能看到它的身影。

在南美洲，传说古印第安人的勤劳和勇敢感动了太阳神，被赐予金犁和金色的种子。因此，古印第安人将太阳神视为众神之首。每当晨曦初露，他们便向初升的旭日朝拜，祈求赐予；黄昏日暮，他们则怀着依依惜别的心情，目送夕阳入海。

公元11世纪，一个印第安部落在“太阳之子”曼科·卡帕克的率领下，以库斯科为中心建立了举世闻名的印加帝国。

知识链接

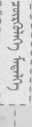

印加帝国是11世纪至16世纪时位于美洲的古老帝国，“印加”意为“太阳的后裔”，而太阳成为印加帝国的守护神。时至今日，当地人每年还要祭拜太阳。印加帝国的中心区域分布在南美洲的安第斯山脉上，其版图大约是今日南美洲的秘鲁、厄瓜多尔、哥伦比亚、玻利维亚、智利、阿根廷一带。

真实的太阳

听完了神话故事，现在我来给大家讲讲真实的太阳是什么样的。

太阳的直径为139.2万千米，而地球平均直径仅为12742千米，太阳的直径约为地球直径的109倍，质量是地球的33万倍。现在太阳质量的大约四分之三是氢，剩下的几乎都是氦，包括氧、碳、氖、铁在内的其他元素质量少于2%，通过核聚变的方式向太空释放光和热。

知识链接

核聚变是指轻元素之间发生核反应而形成较重元素的过程。在太阳内部，强热和高压条件下，氢核之间相互碰撞并彼此合并而形成稳定的氦核。氦核的质量比合并前的两个氢核的质量略小，多余的质量就作为能量释放出来。太阳每秒钟将500万吨物质转化成能量，对于太阳总质量来说，这几乎是可以忽略不计的。

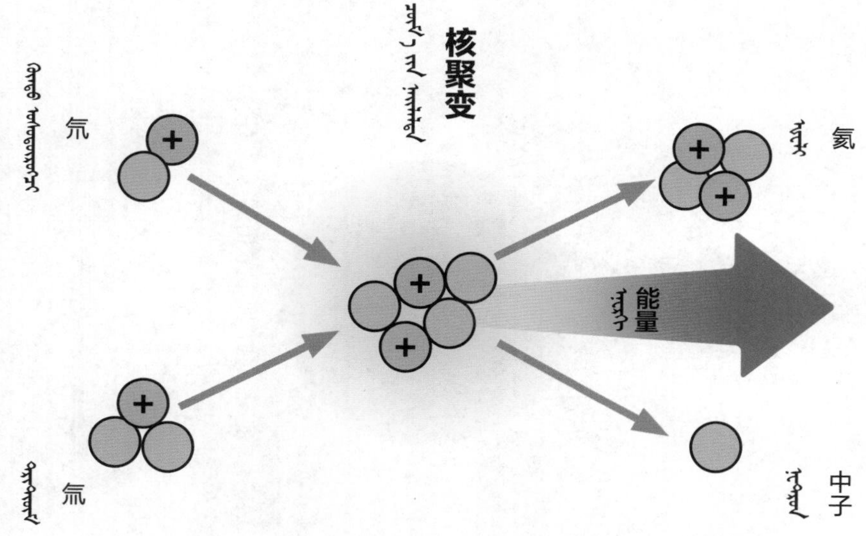

太阳的结构从里到外分为几个层次，中心部分叫核心区，核心区之外是辐射层，辐射层之外为对流层，对流层之外是太阳大气，太阳大气从里向外又可分为光球层、色球层和日冕层等。

太阳的寿命大约是100亿年，目前已经度过了50亿年，所以太阳现在正处于稳定而旺盛的“中年期”。

光球层

日冕层

日珥

对流层

辐射层

核心区

色球层

知识链接

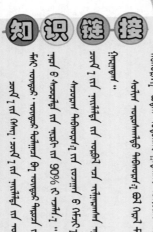

核心区，核聚变反应在这里发生，物质密度非常高，处于高温高压状态，其能量占太阳辐射总能量的90%。

辐射层，厚度达到太阳半径的一半，核心区核聚变反应所产生的能量被吸收、又再次辐射出去。

对流层，光球层之下的层次，物质呈现内外部对流的状态，将太阳内部的能量传输出来。

光球层，太阳最表面的层次，厚度约400千米，到达地球的太阳光大部分由光球发出。

色球层，太阳大气中间的一层，位于光球层之上，厚度约为2000千米。

日冕层，呈现银光色的光芒，其亮度只有月球亮度的一半，无法被肉眼看到，大小、结构和形状不断受到太阳磁场的影响。

日珥，炽热的电离气体云状，能延伸至几十万千米，活动日珥喷发时间持续几分钟到几小时，宁静日珥喷发可以持续几个月。

在浩瀚的宇宙中，太阳是离地球最近的恒星。其实太阳距离地球相当遥远，约1.5亿千米。光每秒钟的传播速度为30万千米，在地球上看到的太阳光线是8分19秒之前从太阳发出的。

由于太阳与地球的距离十分遥远，因此在这个距离中，绝大部分的空间都是真空地带，太阳光只能用辐射的形式传递能量。

17世纪前，人们一直认为太阳光是白色的。直到1666年，英国物理学家牛顿通过光的色散实验，才揭开了太阳光颜色的秘密。牛顿让一束太阳光，通过三棱镜折射后投到白色光屏上，太阳光中的可见光部分被分散成红、橙、黄、绿、蓝、靛、紫连续分布的彩色光谱，从此人们知道肉眼看到的“白光”是由美丽的“七色光”组成的。

不仅仅如此，牛顿通过实验和计算，还得出了一个结论：七种色光中只有红、绿、蓝三种色光无法被合成，而其他色光均可由这三种色光以不同比例合成得到。于是红、绿、蓝被称为“光的三原色”。所谓原色，又称“基色”，是指用来调配其他色彩的基本色，基色的色纯度最高、最纯净、最鲜艳，经过混合后，可以调配出绝大多数色彩。

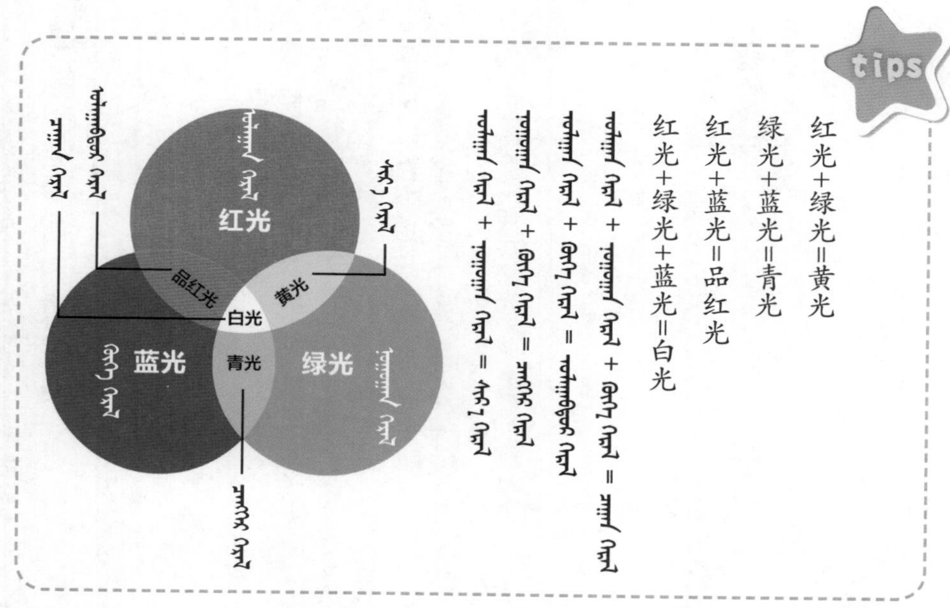

tips
红光+绿光=黄光
绿光+蓝光=青光
红光+蓝光=品红光
红光+绿光+蓝光=白光
红光
品红光
黄光
白光
蓝光
青光
绿光

小实验

还原牛顿色散实验

实验器材：

玻璃杯、水、白纸

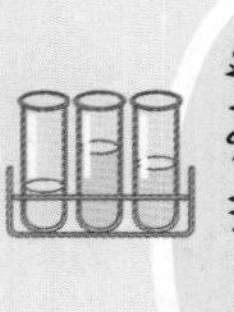

实验步骤：

01 将一杯清水放在阳光能照射到的窗台上。

02 把一张白纸铺在杯子下面。

03 慢慢调整水杯与白纸的位置，使阳光能透过水杯射到白纸上。

04 位置调整好后，就会发现在白纸上出现了彩色的光带。

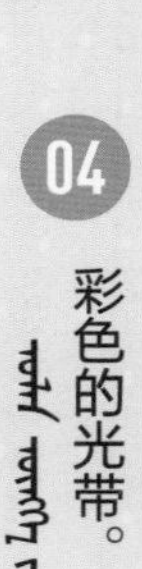

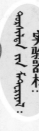

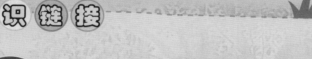

知识链接

艾萨克·牛顿（1643年1月4日—1727年3月31日），英国物理学家、数学家，英国皇家学会会长。在力学方面，提出了三大运动定律，表述了万有引力定律。在光学方面，将颜色现象纳入了光的科学范畴，发现了白光的组成，建立了现代物理光学的基础。在数学方面，首创了微积分学。

太阳的作用

太阳造就地球四季的形成，影响地球的气候与环境，给地球带来光合作用和化石燃料，晒太阳让人们的身体更健康，太阳作用十分巨大。

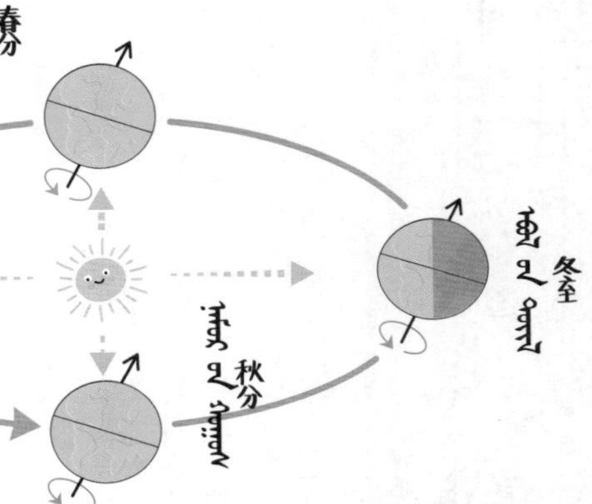

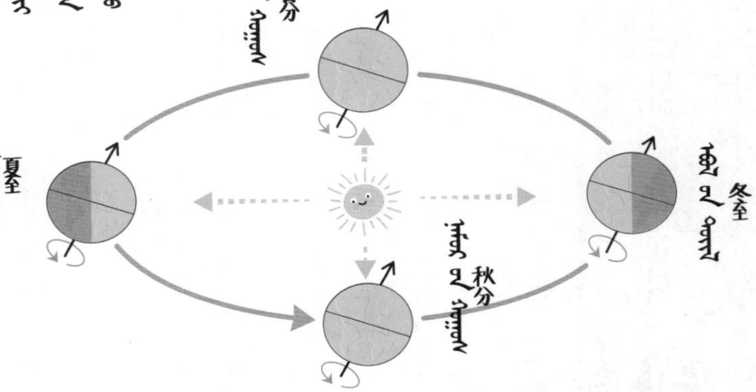

地球绕太阳公转示意图

● 太阳推动地球四季的形成

因为地球绕太阳公转的结果，才有地球上四季的更替。地球一直不断自西向东自转，与此同时又绕太阳公转。地球公转轨道是一个椭圆，太阳位于椭圆形的一个焦点上，该椭圆形轨道称为黄道。地球的赤道平面与黄道平面的夹角称为黄赤交角，在任一时刻都保持23.45°，使得同一地方不同时间获得太阳热量不同，季节也就有了变化。

● 太阳影响地球的气候与环境

正是因为太阳源源不断地将热量辐射到地球上，四季更替、日夜交替，带来的冷暖变化，推动了地球大气的循环，产生了地球上晴、风、雨、雾、雪、冰雹、雷电等各种天气状态，形成江、河、湖、海等地理状态，神奇而美丽的极光也是因太阳而产生的。

极光，是一种绚丽发光现象，出现在地球两半球高纬度地区（近地磁极地区）的上空，产生极光的原因是来自大气层之外的高能粒子撞击高层大气产生相互作用。

知识链接

地球南北半球交替的季节变化正好相反，当北半球处于夏季的时候，南半球是冬季。南北半球不同的最重要原因是黄赤交角的存在，在同一时间由于接受太阳光照的受热角度不一样，从而引起南北半球的温差。另一个原因是北半球陆地面积是南半球的2倍多，在冬天，海水的温度比陆地下降得慢；在夏天，海水的温度比陆地的温度上升得慢。因此，南半球比北半球的温差小。

李老师，我知道了！这么说来，风、雪、雨、露也和太阳有联系吧？

完全正确，下面这张图就表示了地球水循环的过程。

降水

水汽输送

植物蒸腾

地表径流

降水

蒸发

地下径流

太阳给地球带来光合作用和化石燃料

在太阳光的照射之下，植物的光合作用产生了人和动物赖以生存的食物。数百万年前的生物死亡后，经细菌和地壳压力的长期作用形成了化石燃料。

光合作用示意图

化石燃料是指由古代生物的化石沉积经长期演变而来的、以碳氢化合物为主的混合物，包括煤炭、石油和天然气等，属于不可再生资源。

晒太阳使人们的身体更健康

人体皮肤在太阳光照射下可以将脱氢胆固醇转化为维生素 D，促进人体对钙的吸收，使人的骨骼更强壮。太阳光中含紫外线、红外线和可见光，对改善人体的新陈代谢、增加食欲、改善睡眠和提高机体抗病能力等很有帮助，日光浴就是自古人类借助阳光来健肤治病的自然疗法。

认识了太阳，现在我就来给同学们讲解一下太阳能为什么是能源界的新宠。

第2章 迷人的彩虹

——太阳能的资源和利用

科技进步的前沿

清洁发展的曙光

取之不尽的能源

惠及千年的恩泽

太阳能的资源分布

班主任高娃老师对同学们说："下面，继续由李斌工程师给我们讲解太阳能的各种知识。"

"在浩瀚的宇宙中，太阳是离地球最近的恒星，拥有巨大、恒久、无尽的能源，下面我们将'走近'太阳。"李斌工程师说。

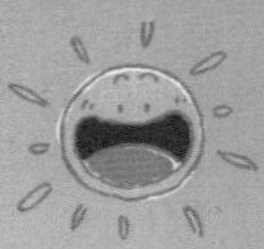

太阳是一个源源不断散发热量的“**大火球**”，它每秒钟向太空辐射的能量非常庞大，地球所接受到的太阳辐射能量仅为其中的 22 亿分之一。太阳的存在及其散发出来的这么多能量给地球带来什么呢？

地球上绝大部分能源——风能、水能、生物质能、海洋温差能、波浪能等均来源于太阳。

世界太阳能资源

到达地球表面的太阳能辐射总功率约为8.47×10^{16}瓦，平均辐照度约为166瓦/米^2。赤道及其以北、以南30°的广大地区，包括非洲、大洋洲、南美洲等在内的陆地上平均辐照度都在250瓦/米^{2}左右，其中非洲北部撒哈拉沙漠地区的太阳能资源最为丰富，超过300瓦/米^2；北纬、南纬30°～45°的中纬度温带地区，包括美国大部、南欧、亚洲中北部等在内的陆地上，太阳能资源相对丰富，平均辐照度一般在200瓦/米^{2}左右；北纬、南纬45°以上的高纬度地区，包括北欧、俄罗斯和加拿大等在内的陆地上平均辐照度通常在150瓦/米^{2}以下。

● 中国太阳能资源

到达中国陆地表面的太阳能辐射总功率约为1.68×10^{15}瓦，约占全球的2%，平均辐照度约为175瓦/米^2，高于全球平均水平，太阳能资源空间分布不仅与纬度有关，还受气候和地形的影响。

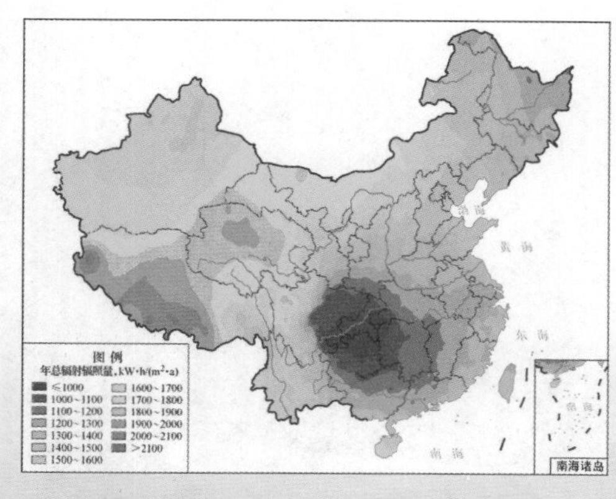

中国太阳能资源分布图

从全国太阳年辐射总量的分布来看，西藏、青海、新疆、内蒙古南部、山西、陕西北部、河北、山东、辽宁、吉林西部、云南中部和西南部、广东东南部、福建东南部、海南岛东部和西部以及台湾的西南部等广大地区的太阳辐射总量比较丰富。

辐照度，是指在单位时间内投射到物体单位面积上的辐射能，单位是瓦/米^2。

瓦，瓦特的简称，指每秒钟转换、使用或耗散的能量的速率。

兆瓦，等于10^6瓦。

中国各地区太阳年日照情况

名称	年平均总辐射辐照度（瓦 / 米 ^{2}）	占国土面积（%）	主要分布地区
最丰富带	约≥ 200	约 22.8	内蒙古额济纳旗以西、甘肃酒泉以西、青海东经 100° 以西大部分地区、西藏东经 94° 以西大部分地区、新疆东部边缘地区、西藏甘孜部分地区
很丰富带	160 ～ 200	约 44.0	新疆大部、内蒙古额济纳旗以东大部、黑龙江西部、吉林西部、辽宁西部、河北大部、北京、天津、山东东部、山西大部、陕西北部、宁夏、甘肃酒泉以东大部、青海东部边缘、西藏东经 94° 以东、四川中西部、云南大部、海南
较丰富带	120 ～ 160	约 29.8	内蒙古北纬 50° 以北、黑龙江大部、吉林中东部、辽宁中东部、山东中西部、山西南部、陕西中南部、甘肃东部边缘、四川中部、云南东部边缘、贵州南部、湖南大部、湖北大部、广西、广东、福建、江西、浙江、安徽、江苏、河南、台湾、香港、澳门
一般带	约＜ 120	约 3.4	四川东部、重庆大部、贵州中北部、湖北东经 110° 以西、湖南西北部

太阳能的特点

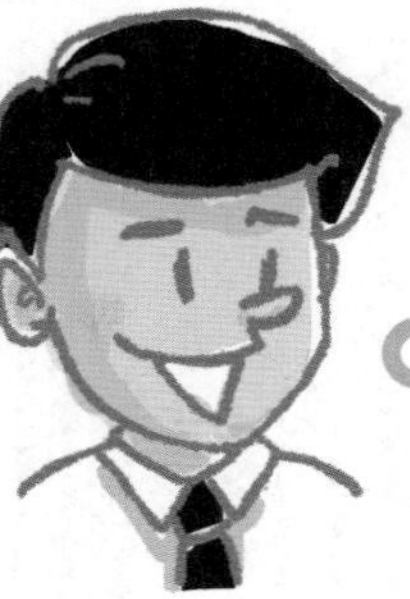

太阳能的特点，第一是间歇性，第二是清洁性，第三是无限性。

什么是间歇性？

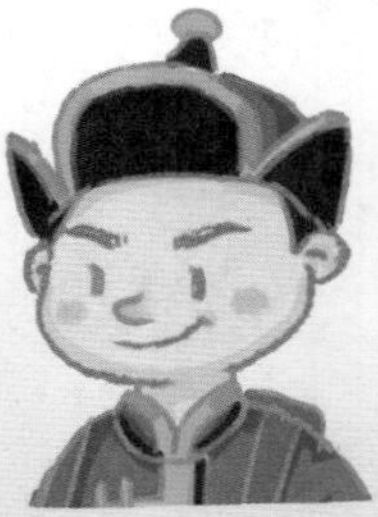

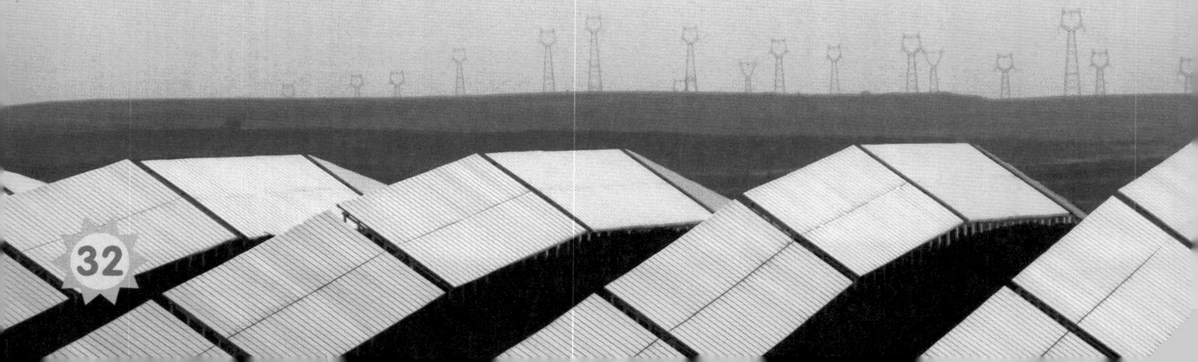

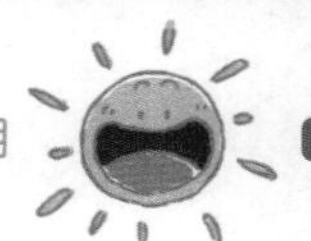

● 太阳能是间歇的

由于受到昼夜、季节、地理纬度和海拔高度等自然条件的限制，以及阴、云、雨、雪等随机因素的影响，使得到达某一地面的太阳辐射是不连续的，也是不稳定的。间歇的特点也为太阳能的大规模应用增加了难度。

● 太阳能是清洁的

与石油、煤炭等化石能源不同，在开发利用太阳能时，不会产生废渣、废水、废气，也没有噪声，更不会影响生态平衡。在生态环境日渐脆弱的今天，使用和开发太阳能对保护生态环境、建立资源节约型社会有着重要的作用。

● 太阳能是无限的

太阳能具有取之不尽的特点，据科学家的估算，太阳每秒钟向外辐射的能量约为3.75×10^{26}瓦，到达地球大气层的能量达到1.73×10^{17}瓦，每秒钟照射到地球的能量相当于标准煤500万吨。这里无限性是相对于常规能源的有限性来说的。实际上太阳也是有自己的寿命，太阳的寿命还剩大约50亿年。

标准煤，是能源的一种计量单位，指发热量为29260千焦/千克（7000千卡/千克）假想的煤，用于比较不同能源的含能量。

詹姆斯·普雷斯科特·焦耳（1818年12月24日—1889年10月11日），英国物理学家，英国皇家学会会员，科普利奖章获得者。焦耳推导出能量守恒定律，发展出热力学第一定律；观测过磁致伸缩效应，发现了焦耳定律。后人为了纪念他，把能量和功的单位命名为“焦耳”，简称“焦”。

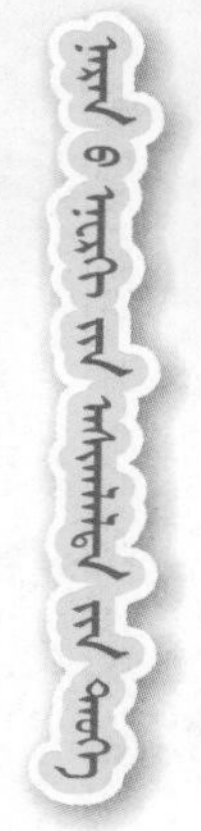

太阳能的利用历史

太阳是一个气体状的巨大恒星，地球上除了地热能和核能外，其他能源几乎都来自太阳。人类有意识地利用太阳能是以取暖、加热、干燥、采光等热利用的形式开始的，已经有3000多年的历史。早期的太阳能利用表现为在某些特殊场合、特定条件下作为动力装置的应用。

公元前11世纪，在世界上许多民族还处在钻木取火、摩擦或击石取火的时代，勤劳智慧的中国人就发明和使用了“阳燧”取火。

阳燧

阳燧是中国古代汉族先民在3000年前的西周时期发明的从太阳光中取火的取火工具，其形似呈球面形内凹的青铜镜，当用它对着太阳光时，射入阳燧的太阳光被阳燧凹面聚焦，使焦点上温度快速升高，点燃易燃物。

2000多年前的战国时期，中国古人就知道利用四面镜、冰透镜和火珠聚焦太阳光来点火；利用太阳能来干燥农副产品；学会了用太阳来晒海盐，这都是太阳能的简单应用。

公元元年前后，中国人发明了利用太阳投射的影子来测定时刻的装置日晷，它通常由铜制的指针和石制的圆盘组成。铜制的指针叫作“晷针”，垂直地穿过圆盘中心，起着圭表中立竿的作用。因此，晷针又叫“表”。石制的圆盘叫作“晷面”，安放在石台上。晷面两面都有刻度，分子、丑、寅、卯、辰、巳、午、未、申、酉、戌、亥十二个时辰，每个时辰又等分为“时初”“时正”两个小时，从而正好是一日24小时。

古代计时用的日晷

太阳能的应用

能做饭的太阳灶

李老师，我经常看见我爷爷奶奶把一壶水放在一块大铁皮上，不一会就开了，太神奇了，这个是什么原理呢？

你说的是太阳灶，就是将太阳能的热能收集起来，用于烧水、做饭的一种器具。看到那个大灶最亮的地方了吗？那是太阳灶的聚光镜，就是通过聚光镜把太阳的辐射能转化为可直接利用的热能。用太阳灶烧水、做饭能节省不少燃料呢。

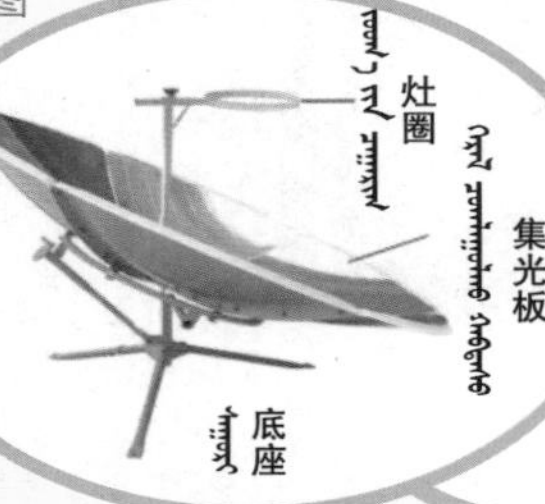

太阳灶原理图

能出热水的太阳能热水器

现在很多家庭的屋顶上都安装太阳能热水器，它将太阳的辐射能转化为可直接利用的热能，供人们生活中使用热水。

太阳能热水器将水加热。不但具有明显的节能效果，而且使用安全，寿命长，具有良好的技术性和经济性。中国使用最多的就是真空管式的太阳能热水器。

真空管式太阳能热水器

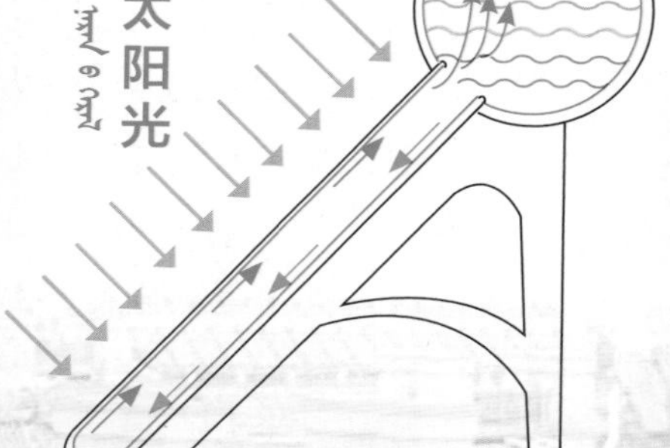

太阳光

太阳能热水器的工作原理

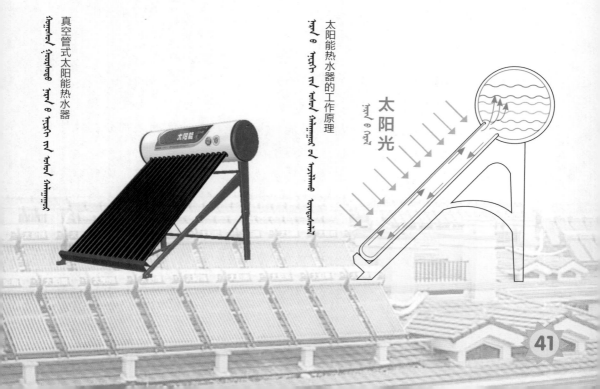

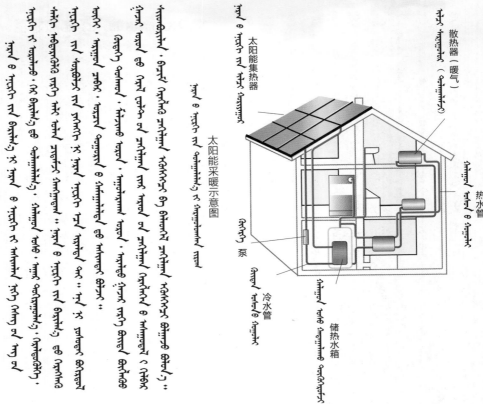

太阳能采暖示意图

散热器（暖气）
太阳能集热器
热水管
泵
冷水管
储热水箱

● 能节约常规能源的太阳能建筑

太阳能建筑利用太阳能代替部分常规能源，为建筑物提供采暖、热水、空调、照明、通风等一系列功能。太阳能建筑所需的大部分能源均来自太阳能，真正做到环保、清洁、绿色。

在牧区、乡村、山区、海岛等许多偏僻地区，户用光伏电源可以方便解决当地居民用电，也可以成为优秀的应急电源和备用电源。

龙腾体育场是台湾高雄市一座综合性体育场馆。龙腾体育场屋顶覆盖着8844块太阳能电池板，是全世界第一座完全由太阳能供电的运动场馆，其14155米^{2}的屋顶将为这个可容纳50000人的场馆提供足够的电力，体育场的太阳能电池板每年可生产114万千瓦·时的电力，当场馆不在使用状态时，巨大的富余电能可以供周边地区使用。

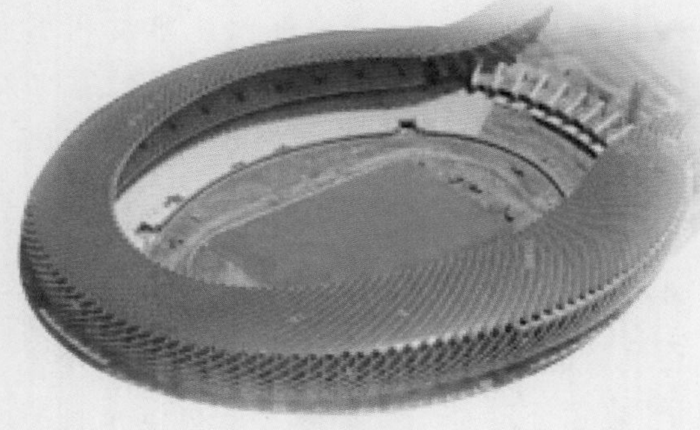

龙腾体育场

● 太阳能路灯照亮前行的路

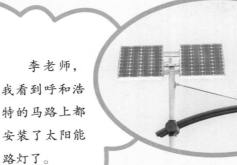

李老师，我看到呼和浩特的马路上都安装了太阳能路灯了。

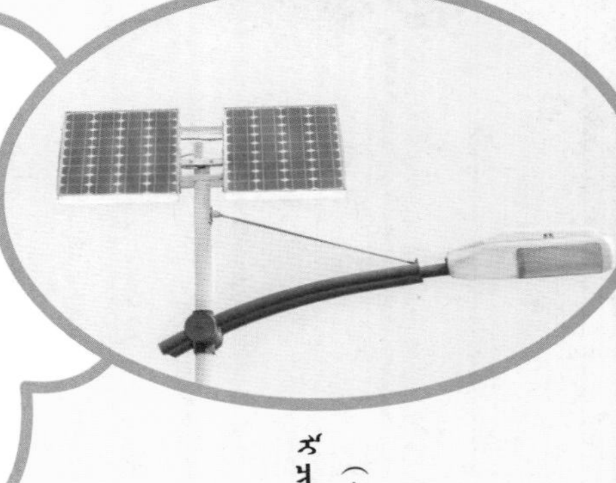

（李强 摄）

太阳能路灯采用太阳能电池供电，可以节约大量的能源呢！

太阳能路灯利用太阳能电池供电，通过蓄电池储存电能，用发光的二极管LED为光源。白天，太阳能电池向蓄电池供电；晚上，蓄电池储存的电能点亮LED。太阳能路灯具有亮度高、安装简便、工作温度低、节约能源的特点，应用十分广泛。

LED，是发光二极管的简称，一种可以把电能转化成光能的电子元件。在相同照明效果下，LED比白炽灯节能80%以上，使用寿命分别是荧光灯和白炽灯的10倍和100倍。3名日本、美国的科学家因为发明蓝色LED获得了2014年度诺贝尔物理学奖。

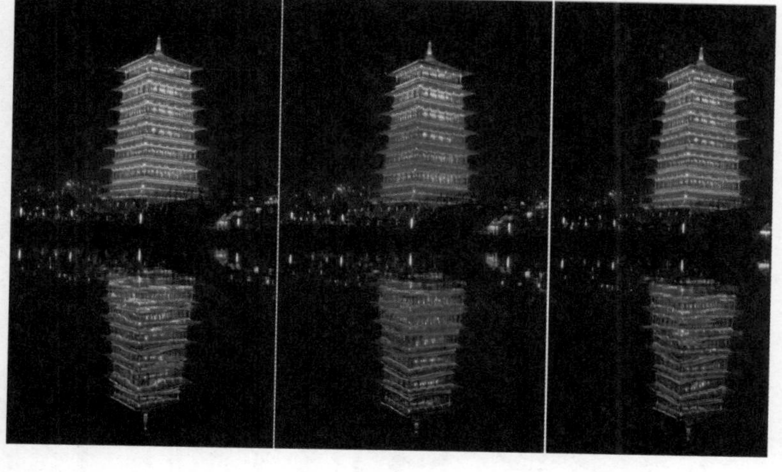

西安园博会长安塔 LED 夜景照明
（中国建筑科学研究院　提供）

太阳能的发展前景

太阳光普照大地，无论陆地或海洋，无论高山或岛屿，都可直接开发和利用，无须开采和运输。

●零排放的太阳能汽车

在电视上，我还看过不用“喝油”的太阳能汽车呢！

太阳能汽车是一种靠太阳能来驱动的汽车。

汉能太阳能汽车

相比传统热机驱动的汽车，太阳能汽车是真正的零排放。从某种意义上讲，太阳能汽车也是电动汽车的一种，利用太阳能充电的蓄电池提供稳定的动力。

太阳能汽车上装有太阳能电池板。在太阳光下，太阳能电池板采集太阳光，并产生电流为蓄电池充电，蓄电池将稳定的电流提供给汽车发动机，通过发动机控制器带动车轮运动，推动太阳能汽车前进。

●科技前沿的太阳能飞机

太阳能飞机以太阳辐射作为推进能源的飞机，目前最先进的太阳能飞机重量只有约2300千克，与一辆家用汽车相当。

太阳能飞机的动力系统主要包括电机、螺旋桨、能量管理系统及减速器等。由于太阳辐射的能量密度小，为了获得足够的能量，太阳能飞机上有较大的吸收阳光的表面积，以便铺设太阳能电池，因此太阳能飞机的机翼面积较大。飞机的机体选用重量极轻 、承载能力强的材料，例如碳纤维。白天时，太阳能电池会把电能充入机载蓄电池中，为夜间飞行储备电能，太阳能飞机的动力才能源源不断。

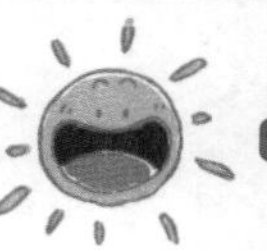

知识链接

ᠮᠡᠳᠡᠯᠭᠡ ᠶᠢᠨ ᠬᠤᠯᠪᠤᠭᠠᠰᠤ

1981 ᠣᠨ ᠤ 7 ᠰᠠᠷ᠎ᠠ ᠶᠢᠨ 7 ᠤ ᠡᠳᠦᠷ ᠠᠩᠬᠠᠨ ᠤ ᠨᠠᠷᠠᠨ ᠤ ᠡᠨᠧᠷᠭᠢ ᠶᠢ ᠬᠦᠴᠦᠨ ᠡᠭᠦᠰᠭᠡᠭᠴᠢ ᠪᠣᠯᠭᠠᠭᠰᠠᠨ ᠨᠢᠰᠬᠡᠯ ᠠᠩᠭᠯᠢ ᠶᠢᠨ ᠬᠠᠪᠴᠢᠯ ᠢ ᠨᠢᠰᠴᠤ ᠥᠩᠭᠡᠷᠡᠭᠰᠡᠨ ᠪᠠᠶᠢᠨ᠎ᠠ ᠃ ᠡᠨᠡ 95 ᠺᠢᠯᠣᠭᠷᠠᠮ ᠵᠢᠩᠯᠡᠬᠦ 《ᠨᠠᠷᠠᠨ ᠤ ᠡᠨᠧᠷᠭᠢ ᠶᠢᠨ ᠰᠢᠯᠭᠠᠭᠴᠢ》 ᠨᠢᠰᠬᠡᠯ ᠫᠠᠷᠢᠰ ᠤᠨ ᠪᠠᠷᠠᠭᠤᠨ ᠤᠮᠠᠷᠠᠲᠤ ᠡᠴᠡ ᠬᠥᠳᠡᠯᠵᠦ ᠂ ᠴᠠᠭ ᠲᠤ ᠳᠤᠮᠳᠠᠵᠢᠨ 48.3 ᠺᠢᠯᠣᠮᠧᠲᠷ ᠦᠨ ᠬᠤᠷᠳᠤᠴᠠ ᠪᠠᠷ 3352.8 ᠮᠧᠲᠷ ᠦᠨ ᠥᠨᠳᠦᠷ ᠲᠦ ᠨᠢᠰᠴᠤ ᠂ ᠶᠡᠷᠦᠩᠬᠡᠢ 265.5 ᠺᠢᠯᠣᠮᠧᠲᠷ ᠠᠶᠠᠨ ᠢ ᠳᠠᠭᠤᠰᠬᠠᠭᠰᠠᠨ ᠃

2016 ᠣᠨ ᠤ 7 ᠰᠠᠷ᠎ᠠ ᠶᠢᠨ 26 ᠤ ᠡᠳᠦᠷ ᠪᠦᠬᠦ ᠬᠦᠴᠦᠨ ᠢ ᠨᠠᠷᠠᠨ ᠤ ᠡᠨᠧᠷᠭᠢ ᠪᠡᠷ ᠬᠠᠩᠭᠠᠭᠰᠠᠨ 《ᠨᠠᠷᠠᠨ ᠭᠡᠷᠡᠯ ᠦᠨ ᠬᠦᠴᠦᠨ 2 ᠳᠤᠭᠠᠷ》 ᠨᠠᠷᠠᠨ ᠤ ᠡᠨᠧᠷᠭᠢ ᠶᠢᠨ ᠨᠢᠰᠬᠡᠯ ᠠᠷᠠᠪ ᠤᠨ ᠨᠢᠭᠡᠳᠦᠭᠰᠡᠨ ᠡᠮᠢᠷᠲᠡᠳ ᠦᠨ ᠨᠡᠶᠢᠰᠯᠡᠯ ᠠᠪᠤᠳᠠᠪᠢ ᠳᠤ ᠭᠠᠵᠠᠷ ᠲᠤ ᠪᠤᠭᠤᠯᠠ ᠃ ᠡᠨᠡ ᠨᠠᠷᠠᠨ ᠤ ᠡᠨᠧᠷᠭᠢ ᠶᠢᠨ ᠨᠢᠰᠬᠡᠯ 2015 ᠣᠨ ᠤ 3 ᠰᠠᠷ᠎ᠠ ᠡᠴᠡ ᠡᠬᠢᠯᠡᠨ ᠳᠡᠯᠡᠬᠡᠢ ᠶᠢ ᠲᠣᠭᠣᠷᠢᠨ ᠨᠢᠰᠴᠤ 3.5 ᠲᠦᠮᠡᠨ ᠺᠢᠯᠣᠮᠧᠲᠷ ᠠᠶᠠᠨ ᠢ ᠳᠠᠭᠤᠰᠬᠠᠪᠠ ᠃ ᠨᠢᠰᠬᠡᠯ ᠦᠨ 72 ᠮᠧᠲᠷ ᠤᠷᠲᠤ ᠳᠡᠯᠪᠡᠭᠡ ᠳᠡᠭᠡᠷ᠎ᠡ 1.7 ᠲᠦᠮᠡᠨ ᠰᠢᠷᠬᠡᠭ ᠨᠠᠷᠠᠨ ᠤ ᠡᠨᠧᠷᠭᠢ ᠶᠢᠨ ᠲᠣᠭ ᠤᠨ ᠬᠠᠪᠲᠠᠰᠤ ᠲᠣᠬᠢᠵᠠᠭᠤᠯᠤᠭᠰᠠᠨ ᠂ ᠵᠢᠩ ᠨᠢ 2300 ᠺᠢᠯᠣᠭᠷᠠᠮ ᠂ ᠬᠠᠮᠤᠭ ᠤᠨ ᠥᠨᠳᠦᠷ ᠬᠤᠷᠳᠤᠴᠠ ᠨᠢ 100 ᠺᠢᠯᠣᠮᠧᠲᠷ ᠪᠣᠯᠤᠨ᠎ᠠ ᠃ ᠡᠨᠡ ᠪᠣᠯ ᠬᠦᠮᠦᠨ ᠲᠥᠷᠦᠯᠬᠢᠲᠡᠨ ᠦ ᠠᠩᠬᠠ ᠤᠳᠠᠭ᠎ᠠ ᠵᠥᠪᠬᠡᠨ ᠨᠠᠷᠠᠨ ᠤ ᠡᠨᠧᠷᠭᠢ ᠳᠤ ᠰᠤᠯᠠᠭᠤᠯᠠᠨ ᠳᠡᠯᠡᠬᠡᠢ ᠶᠢ ᠲᠣᠭᠣᠷᠢᠨ ᠨᠢᠰᠦᠭᠰᠡᠨ ᠬᠡᠷᠡᠭ ᠪᠣᠯᠤᠨ᠎ᠠ ᠃

1981年7月7日，第一架以太阳能为动力的飞机飞过英吉利海峡。这架95千克重的“太阳能挑战者号”从巴黎西北部起飞，以平均每小时48.3千米的速度、3352.8米的飞行高度，完成了全长265.5千米的旅行。

2016年7月26日，全部动力都通过太阳能提供的“阳光动力2号”太阳能飞机降落在阿联酋首都阿布扎比，这架太阳能动力飞机自2015年3月开始环球航行，行程达到3.5万千米。飞机72米的机翼安装了1.7万块太阳能电池板，质量只有2300千克，最高时速为100千米，这是人类首次仅凭太阳能驱动的环球飞行。

阳光动力2号

ᠨᠠᠷᠠᠨ ᠭᠡᠷᠡᠯ ᠦᠨ ᠬᠦᠴᠦᠨ 2 ᠳᠤᠭᠠᠷ ᠨᠠᠷᠠᠨ ᠤ ᠨᠢᠰᠬᠡᠯ

随着各种新型技术的突破，科学家不仅研发出能够在雨天、雪天、阴天等天气条件下，模拟植物“光合作用”的新型太阳能技术，而且已开始研究存在于外太空的“太阳风”发电了。

● 未来科技太阳风发电

太阳能的广泛用途

太阳风是一种连续存在、来自太阳的超声速等离子体带电粒子流，能够以200～800千米/秒的速度运动。太阳风虽然与地球上的空气不同，不是由气体的分子组成，而是由更简单的比原子还小一个层次的基本粒子——质子和电子等组成，但它们流动时所产生的效应与空气流动十分相似，所以称它为太阳风。通常太阳风的能量爆发来自“太阳耀斑”或其他被称为“太阳风暴”的现象。

太阳能是金色的能源，由于它具有清洁、安全、源源不断等显著优势，越来越多的国家开始开发利用太阳能资源，未来太阳能汽车、太阳能飞机、太阳能游船、太阳能自行车、太阳能空调机、太阳能冰箱等各色各样的太阳能产品将使我们的生活更加丰富多彩！

所以说，太阳能是能源界的新宠！下午，同学们去太阳能发电站参观学习，我和萨日娜工程师将为大家详细讲解！

第3章 光明的使者——太阳能发电

薪火相传的梦想

科技创新的荣耀

再生能量的源泉

奇丽壮阔的图景

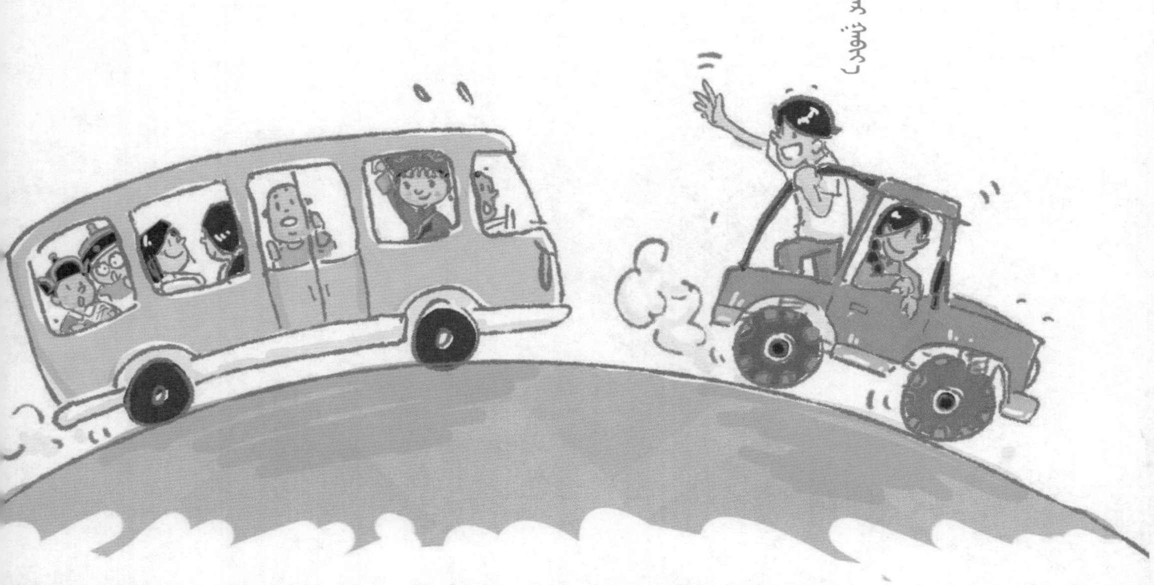

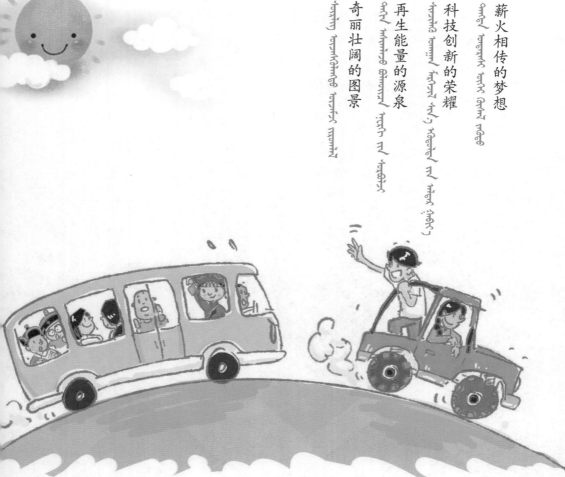

班主任高娃说："这位漂亮的大姐姐就是萨日娜工程师，她将带领同学们参观太阳能发电站。"

萨日娜工程师高兴地说："同学们好，我是萨日娜，欢迎同学们来到达拉特太阳能电站现场参观学习。首先请每个人都佩戴好安全帽。"

清洁方便的太阳能发电主要包括太阳能光伏发电和太阳能热发电两种方式。太阳能光伏发电可以直接将太阳的辐射能转换成电能，太阳能热发电则是收集太阳辐射能转换成热能再发电。两种方式都是清洁的发电方式，不向外界排放废物。

太阳能热发电主要有抛物面槽式、线性菲涅耳式、塔式、碟式太阳能发电和太阳能热气流发电。

美丽壮观的太阳能光伏发电

当前大规模应用的主要是太阳能光伏发电。它利用太阳能电池（也称光伏电池）有效吸收太阳辐射，将太阳光的辐射能量直接转换成电能输出。

太阳能光伏发电不向外界排放废物，也没有噪声，结构很简单，即使是家庭的屋顶上也可以安装。家庭安装了太阳能光伏发电系统，还可以把自己家用不完的电供给电网，十分方便。

只要有太阳光照射，光伏发电系统就可以发电，但太阳能光伏发电也容易受到天气和环境影响，波动性强，科技人员正在研究一些新技术，例如储能技术、多能互补发电技术等，来解决这个问题。

同学们看，这是太阳能电池！

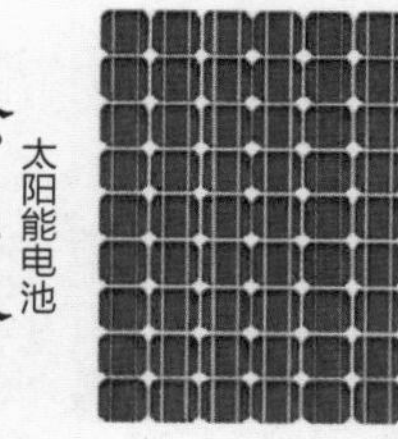

太阳能电池

太阳能电池是太阳能光伏发电中最重要的部件。这种电池可以在任何有太阳光的地方使用，不需要其他燃料，但在晚上这种电池就不工作了。

早期的太阳能电池主要应用于空间领域的人造卫星上，作为空间飞行器的主要能量来源。迄今为止，在太空翱翔的数万个飞行器中，90%以上采用太阳能电池作为电源。美国和苏联的登月舱、火星登陆车及著名的哈勃望远镜都配备了太阳能电池。

通过采用能够旋转的支架和电子元器件，使光伏面板能够跟随太阳转动获得较高的光照强度，提高发电效率。

通过平行于地面的转轴对太阳进行俯仰式跟踪

通过与地面呈一定角度的斜单轴旋转跟踪太阳，跟踪精度更高

光伏发电系统是利用太阳能电池直接将太阳能转换成电能的发电系统。它的主要部件是光伏阵列、蓄电池、控制器和逆变器。

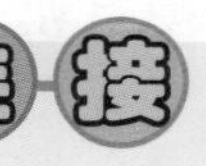

光伏阵列，由若干个太阳能电池组件经串联和并联排列而成，负责把太阳辐射的光转化成直流电。

蓄电池，白天，在光照条件下，蓄电池将电能储存起来。晚上，蓄电池组将储存的电能释放出来，保障正常供电。

控制器，一种电子设备，它的作用是防止蓄电池过充电和过放电，并具有简单的测量功能。

逆变器，负责把光伏阵列产生的直流电转换成交流电，这种交流电就是我们日常生活所用的电力。

班主任高娃问萨日娜工程师：“请教一下，光伏面板上落了灰尘，影响发电效率吗？”

萨日娜工程师回答：“高娃老师，这个问题提得好，当然会影响啦。同学们请看，那是我们的清洗车，当光伏面板脏了的时候，就要给它‘洗澡’了。”

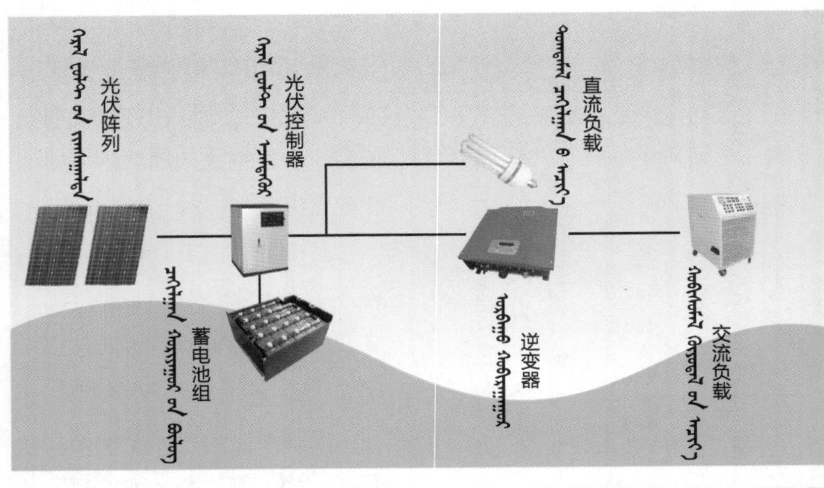

光伏发电系统示意图

光伏面板清洗车

萨日娜工程师说："光伏发电可以为居住分散的牧民提供生活用电，还特别适合为通信中继站、气象台站、边防哨所等特殊工作场所提供电源。好了，太阳能光伏发电就讲到这里了，下面请李斌工程师为同学们讲解太阳能热发电知识。"

新疆和静天宏光伏电站
昊投电力提供

种类繁多的太阳能热发电

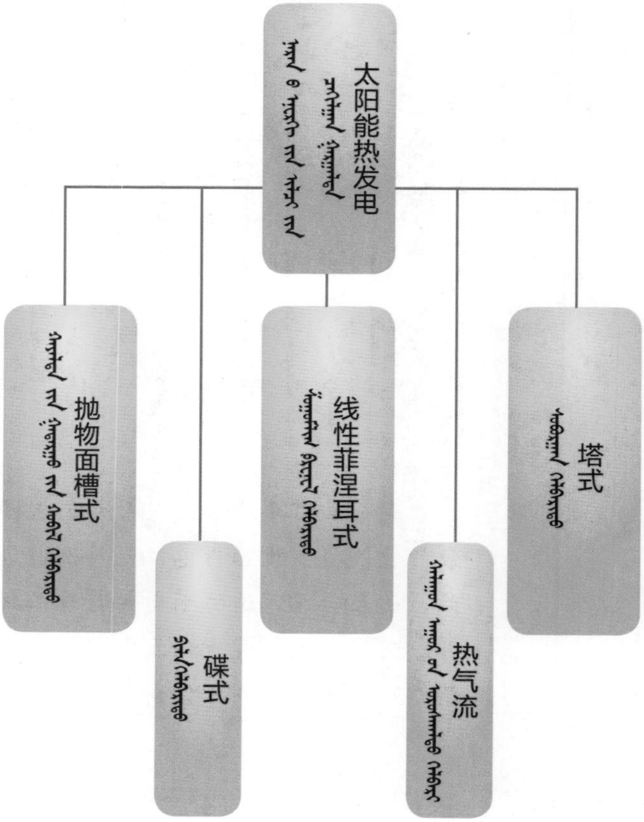
太阳能热发电
抛物面槽式
碟式
线性菲涅耳式
热气流
塔式

太阳能热发电分类图

同学们，我给大家补充一下太阳能热发电的知识。通过专门的设备收集太阳辐射能，把它转化成热能，再用动力机械将热能转换为机械能驱动发电机发电，就叫太阳能热发电。

太阳能热发电通过光—热—电的能量转换，利用热储存技术，可以实现稳定的电力输出和全天24小时连续发电。

德令哈抛物面槽式太阳能热发电项目
（中国广核集团有限公司　提供）

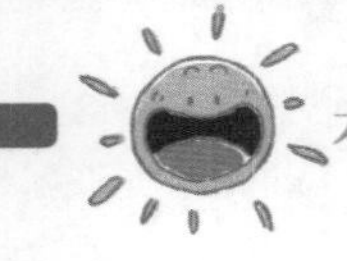

抛物面槽式太阳能热发电

抛物面槽式太阳能热发电系统主要包括集热装置、储热系统、蒸汽发生器和汽轮发电机组。大家看，这一排排凹面反射镜和上面的吸热管一起组成了太阳能抛物面槽式热发电站的集热装置。

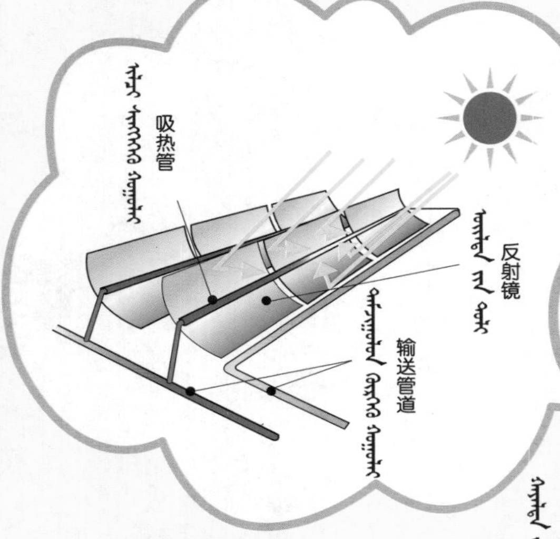

太阳能热发电与光伏发电的工作原理完全不同哟！

抛物面槽式太阳能热发电的集热装置

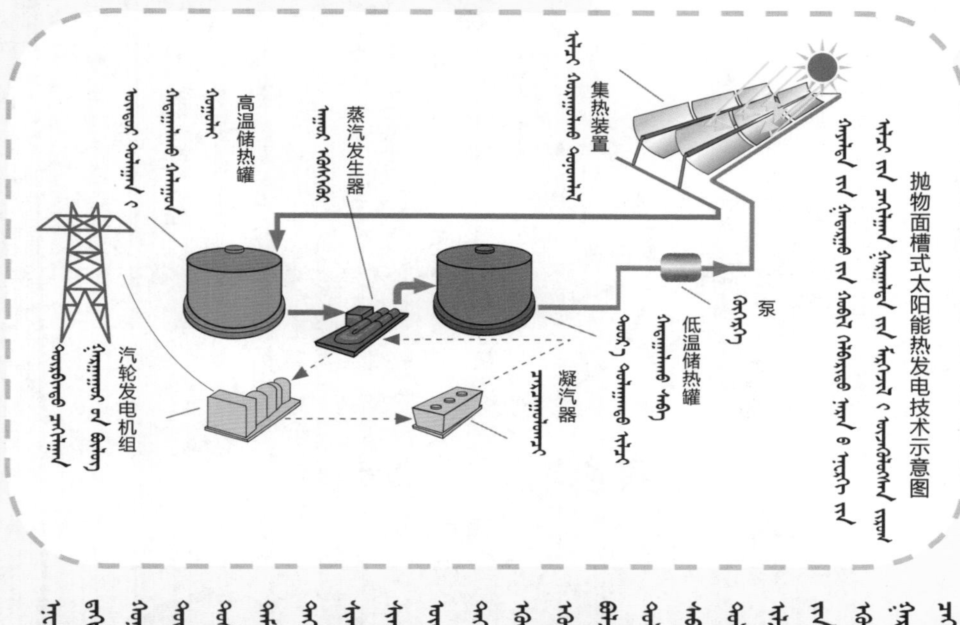

抛物面槽式太阳能热发电技术示意图

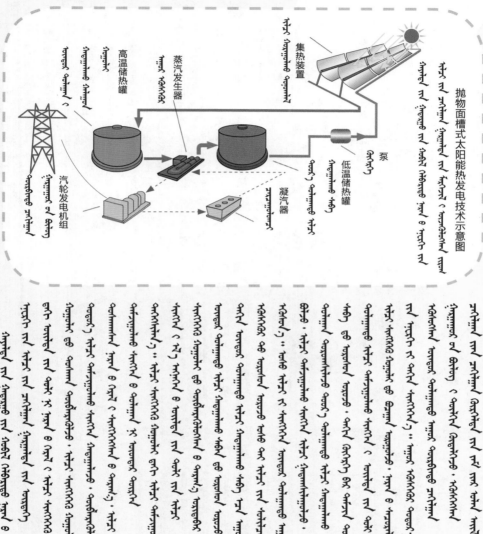

在抛物面槽式太阳能热发电站中，反射镜将入射太阳光聚焦到吸热管上，吸热管里有导热液，吸收聚焦的阳光后，导热液温度会迅速升高。吸热管里的导热液从各排反射镜的吸热管汇集后先流到高温储热罐里，再从高温储热罐出来流进蒸汽发生器里与水发生热交换。水吸收热量成为高温蒸汽，导热液放出热量、温度降低流到低温储热罐，再由泵把低温导热液送回反射镜吸热管里，重新吸收太阳发出的辐射能。蒸汽发生器里生成的高温蒸汽能够推动汽轮发电机组发电，发出的电通过输电线路送到千家万户。

线性菲涅耳式太阳能热发电

下面介绍具有复杂光学系统的线性菲涅耳式太阳能热发电，这种发电系统主要包括聚光集热器、储热系统、蒸汽发生器和汽轮发电机组。

皇明集团太阳能线性菲涅耳系统

这一条条的镜子，也是反射太阳光的吧？

是的，线性菲涅耳聚光集热器，它将光线多次反射最后聚焦到一条线——集热管上，加热管子里面的液体。后面的热交换和发电过程与抛物面槽式太阳能热发电基本相同。

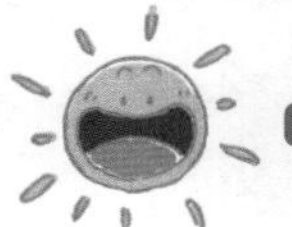

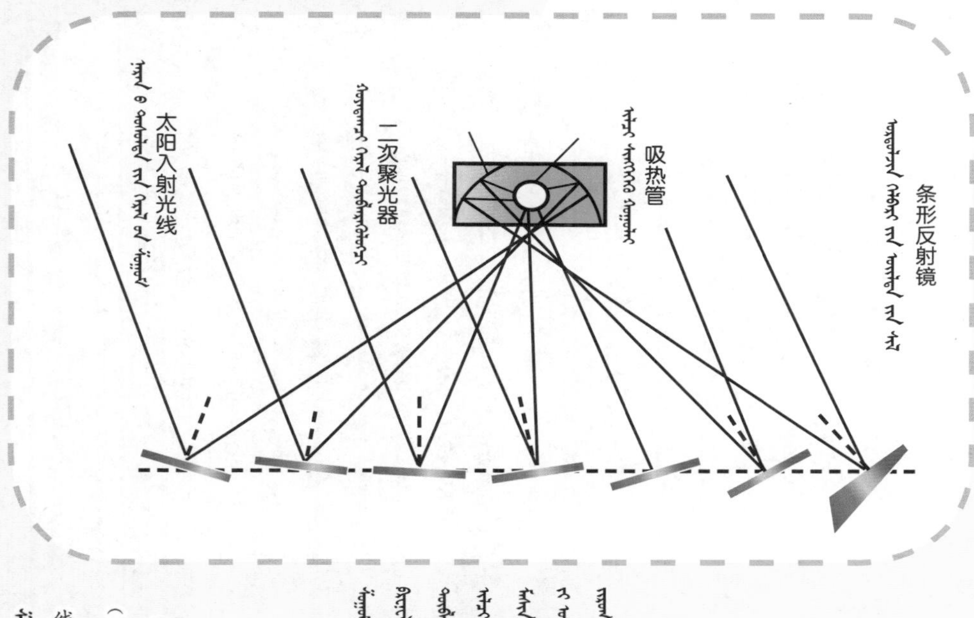

线性菲涅耳聚光集热器结构示意图

线性菲涅耳式太阳能热发电项目

（中国广核集团有限公司　提供）

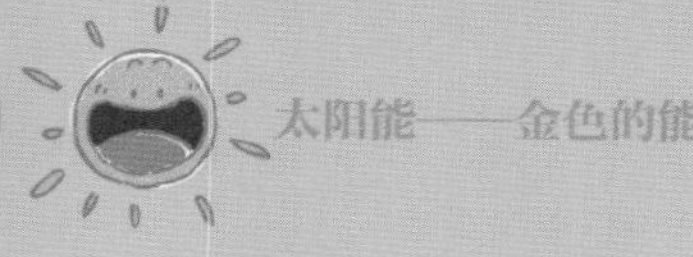

奥古斯丁·简·菲涅耳（1788年5月10日—1827年7月14日），法国物理学家，波动光学的奠基人之一，被誉为“物理光学的缔造者”。菲涅耳的科学成就主要有两个。第一个是衍射，他用新的定量形式建立了惠更斯—菲涅耳原理，完善了光的衍射理论。第二个是偏振，他与Dominique Francois Jean Arago一起研究了偏振光的干涉，发现了光的圆偏振和椭圆偏振现象，推出了反射定律和折射定律的定量规律（即菲涅耳公式），解释了马吕斯的反射光偏振现象和双折射现象，奠定了晶体光学的基础。

●塔式太阳能热发电

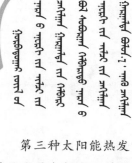

第三种太阳能热发电方式叫塔式太阳能热发电，这种发电系统主要包括定日镜场、支撑塔、吸热器、储热系统、蒸汽发生器和汽轮发电机。这是一种吸热效率很高的发电方式。

八达岭太阳能热发电实验电站（中国科学院电工所　提供）

图上那个高塔顶上怎么那么刺眼啊？

高塔顶上发出强光的装置叫吸热器，就是靠它吸收由地面上众多的定日镜反射的太阳光。

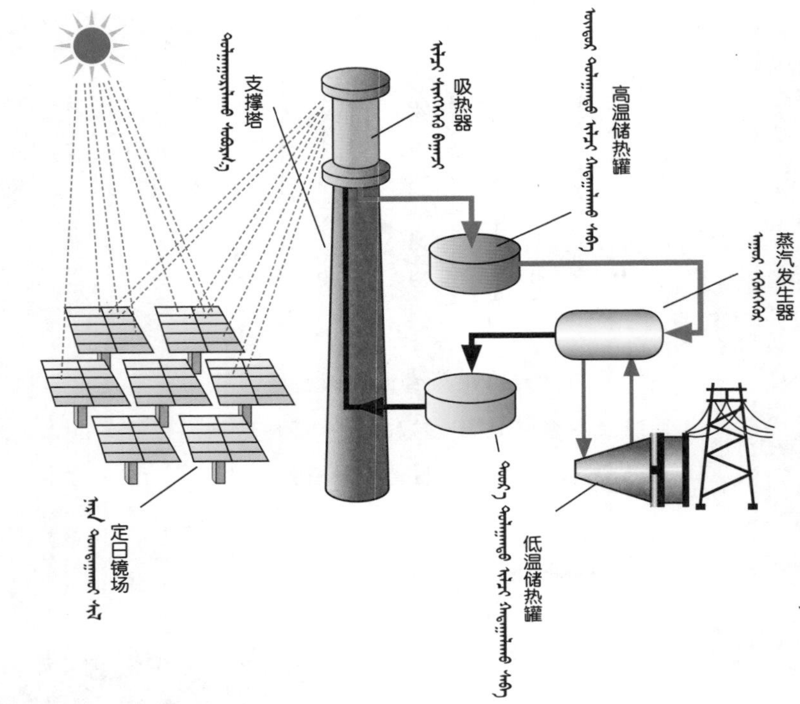

塔式太阳能热发电系统原理图

地上成片的是定日镜场，由一台台像镜子一样的定日镜组成。每台定日镜都安装了跟踪太阳的装置，能最大限度地把太阳光反射到支撑塔顶的吸热器上。吸热器中有能够导热的流体，其后的热交换和发电过程与抛物面槽式太阳能发电基本相同。

塔式太阳能热发电图（浙江中控太阳能技术有限公司 提供）

定日镜实物图
（浙江中控太阳能技术有限公司　提供）

与太阳能光伏发电相比，太阳能热发电的优势是可以利用热储存技术实现连续发电。利用储热罐里的高温导热液或熔融盐，把白天的太阳能“储存”起来，在没有阳光的晚上与水继续进行热量交换，水被加热成高温蒸汽，可以昼夜不停地推动汽轮发电机组发电。这种电站不仅可以发电，还能供热，可谓一举两得。

知识链接

定日镜，是一种将太阳光或其他星体发出的光线反射到固定方向的光学仪器。它最早用于天文学研究，后来也用于气象学中对太阳的观测。在太阳能热发电系统中，它能够将太阳光恒定地反射到支撑塔的吸热器上。

● 碟式太阳能热发电

整体式碟式聚光器
（中国科学院电工所　提供）

多碟式聚光器
（中国科学院电工所　提供）

这是碟式太阳能热发电系统，它的外形有点儿像什么？

像是家用太阳灶。

与太阳灶聚焦阳光相似，碟式太阳能热发电的聚光器将太阳光聚焦在旋转抛物面的焦点——接收器上，接收器连接一种发动机——活塞式斯特林机，带动发电机发电。

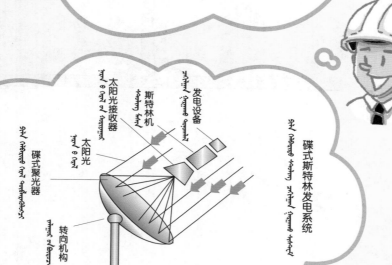

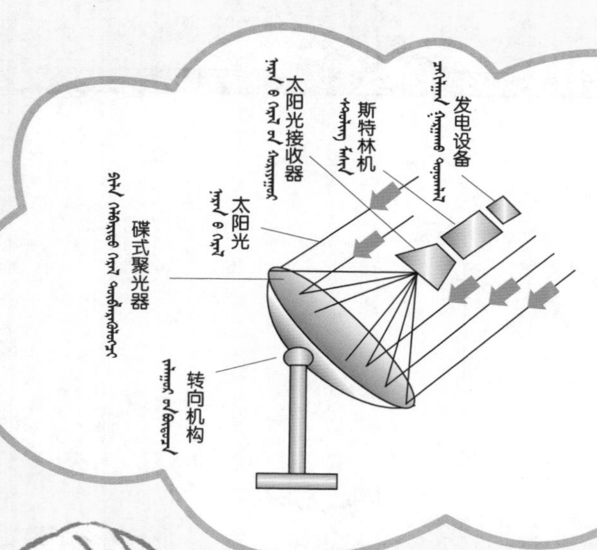

碟式斯特林发电系统

最后，再介绍一种不太一样的太阳能热发电方式：太阳能热气流发电。

● 太阳能热气流发电

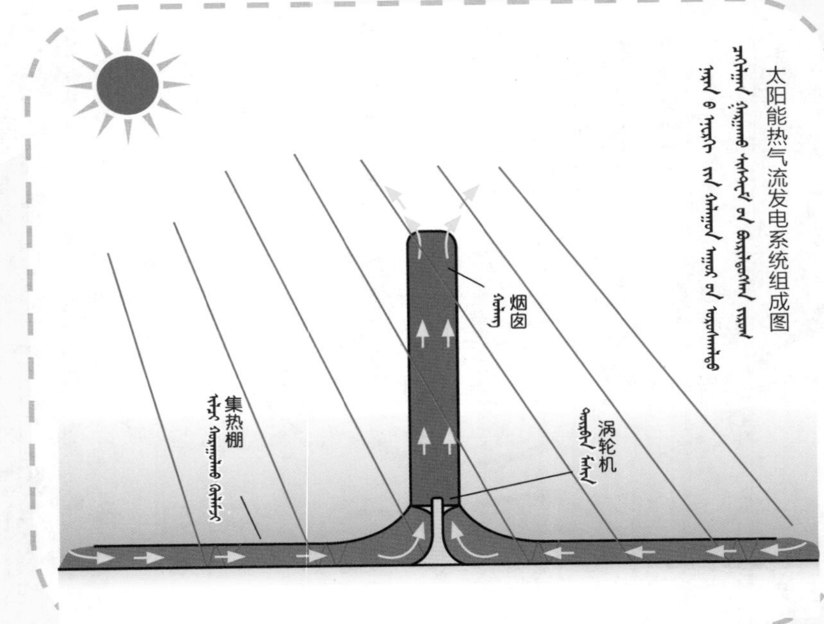

这个“大烟囱”能冒烟吗？

从上面冒出来的不是烟气，是热空气。这是太阳能热气流发电，也被通俗地称为“烟囱式”发电。

太阳能热气流发电，以“烟囱”为中心，周围建起一片面积很大的集热玻璃棚。“烟囱”底部安装带旋转叶片的发电机。玻璃棚内的空气接收太阳光，温度升高，由于密度比棚外的小，因此棚内热空气汇集到“烟囱”底部沿着垂直通道自然上升，形成上升气流，推动发电机的叶片旋转，带动发电机发电。棚外冷空气密度大，不断地从集热棚周边补充进来，就能形成连续气流循环。

烟囱下面的玻璃棚地面能够吸收并储存一部分太阳能，即使在没有太阳的晚上，通过地面持续的放热，仍可以维持系统连续发电。

同学们知道了吧，人类已经可以大规模利用太阳能光伏发电啦，太阳能电池板不仅能安装在屋顶上，还能成千上万块地铺设在海岛、草原、戈壁等地方呢。

太阳能热发电比光伏发电种类多一些，有如同一排排水槽的槽式发电，有平板玻璃一样的菲涅耳式发电，有发出耀眼光芒的塔式发电，有大小碟子一样的碟式发电，还有烟囱一样的热气流发电。槽式、碟式、塔式和菲涅耳式都是采用聚光的方式；热气流发电主要利用太阳辐射加热空气的原理，实现最终的发电。

同学们，我们今天的参观到此结束，希望同学们将来有机会也成为一名电力工作者！

同学们，让我们鼓掌谢谢李老师、萨日娜老师，大家今天学到许多知识，回家别忘了跟家人分享哦！

能源，是生命延续的保障，是文明演进的支撑。
电力，是现代文明的象征，是经济繁荣的晴雨表。
历史的车轮滚滚向前，新型能源注入强大驱动力。
太阳能古老、现代又未来，留下无数奇迹与赞叹。
清洁能源时代已然到来，人类追寻脚步永不停息。

ᠳᠡᠯᠡᠬᠡᠢ ᠶᠢᠨ ᠨᠠᠷᠠᠨ ᠤ ᠭᠡᠷᠡᠯ ᠳᠠᠮᠵᠢᠭᠤᠯᠬᠤ ᠬᠥᠭᠵᠢᠯ ᠦᠨ ᠲᠡᠦᠬᠡ

1839 ᠣᠨ ᠳᠤ ᠹᠷᠠᠨᠼ ᠤᠨ ᠡᠷᠳᠡᠮᠳᠡᠨ Becquerel Alexandre Edmond ᠨᠡᠭᠡᠭᠡᠨ 《ᠭᠡᠷᠡᠯ ᠳᠠᠮᠵᠢᠭᠤᠯᠬᠤ ᠦᠵᠡᠭᠳᠡᠯ》 ᠢ ᠢᠯᠠᠷᠠᠭᠤᠯᠵᠠᠢ ::

1905 ᠣᠨ ᠳᠤ ᠠᠢᠨᠱᠲᠠᠢᠨ 《ᠭᠡᠷᠡᠯ ᠳᠠᠮᠵᠢᠭᠤᠯᠬᠤ ᠦᠵᠡᠭᠳᠡᠯ》 ᠦᠨ ᠣᠨᠣᠯ ᠢ ᠳᠡᠪᠰᠢᠭᠦᠯᠦᠨ᠂ ᠭᠡᠷᠡᠯ ᠦᠨ ᠳᠠᠮᠵᠢᠭᠤᠯᠬᠤ ᠦᠵᠡᠭᠳᠡᠯ ᠢ ᠲᠠᠢᠯᠪᠤᠷᠢᠯᠠᠵᠠᠢ ::

1954 ᠣᠨ ᠳᠤ ᠠᠮᠧᠷᠢᠺᠠ ᠶᠢᠨ ᠪᠧᠯ ᠲᠤᠷᠰᠢᠯᠲᠠ ᠶᠢᠨ ᠭᠠᠵᠠᠷ ᠠᠴᠠ ᠬᠥᠷᠥᠩᠭᠡ ᠣᠷᠣᠭᠤᠯᠬᠤ ᠡᠭᠦᠯᠡᠰᠦ ᠨᠢ 6% ᠬᠦᠷᠴᠦ ᠪᠣᠯᠬᠤ ᠴᠠᠬᠢᠯᠭᠠᠨ ᠲᠣᠭᠣᠰᠢ᠂ ᠨᠠᠷᠠᠨ ᠤ ᠭᠡᠷᠡᠯ ᠢ ᠴᠠᠬᠢᠯᠭᠠᠨ ᠡᠨᠸᠷᠭᠢ ᠪᠣᠯᠭᠠᠨ ᠬᠤᠪᠢᠷᠠᠭᠤᠯᠬᠤ ᠪᠦᠲᠦᠭᠡᠯᠲᠡ ᠶᠢ ᠪᠣᠯᠪᠠᠰᠤᠷᠠᠭᠤᠯᠪᠠ ::

1957 ᠣᠨ ᠳᠤ ᠰᠣᠸᠧᠲ ᠤᠨ 《ᠰᠠᠭᠤᠳᠠᠯ 1 ᠳ᠋ᠤᠭᠠᠷ》 ᠬᠢᠮᠡᠯ ᠳᠠᠭᠤᠳᠠᠭᠤᠷ ᠢ ᠬᠠᠷᠪᠤᠨ ᠣᠭᠲᠠᠷᠭᠤᠢ ᠳᠤ ᠬᠦᠷᠭᠡᠭᠰᠡᠨ ᠢ ᠡᠬᠢᠯᠡᠯ ᠪᠣᠯᠭᠠᠨ ᠨᠠᠷᠠᠨ ᠤ ᠭᠡᠷᠡᠯ ᠦᠨ ᠵᠡᠯᠡᠵᠦ ᠶᠢ ᠬᠡᠷᠡᠭᠯᠡᠵᠡᠢ ::

1973 ᠣᠨ ᠳᠤ ᠳᠡᠯᠡᠬᠡᠢ ᠶᠢᠨ ᠲᠣᠰᠣ ᠶᠢᠨ ᠬᠣᠷᠢᠭ ᠲᠣᠬᠢᠶᠠᠯᠳᠤᠯ ᠢ ᠬᠥᠳᠡᠯᠭᠡᠭᠡᠳ᠂ ᠨᠠᠷᠠᠨ ᠤ ᠭᠡᠷᠡᠯ ᠦᠨ ᠴᠠᠬᠢᠯᠭᠠᠨ ᠳᠠᠮᠵᠢᠭᠤᠯᠤᠯ ᠢ ᠬᠥᠭᠵᠢᠭᠦᠯᠵᠡᠢ ::

1877 ᠣᠨ ᠳᠤ William Grylls Adams ᠪᠣᠯᠣᠨ Richard Evans Day ᠨᠠᠷᠠᠨ ᠤ ᠭᠡᠷᠡᠯ ᠢ ᠴᠠᠬᠢᠯᠭᠠᠨ ᠳᠠᠮᠵᠢᠭᠤᠯᠤᠯ ᠢ ᠰᠤᠳᠤᠯᠵᠠᠢ ::

1978 ᠣᠨ ᠳᠤ ᠬᠢᠲᠠᠳ ᠤᠨ ᠨᠠᠷᠠᠨ ᠤ ᠭᠡᠷᠡᠯ ᠦᠨ ᠳᠠᠮᠵᠢᠭᠤᠯᠤᠯ 3.5 ᠸᠠᠲ ᠬᠦᠷᠴᠦ᠂ ᠨᠠᠷᠠᠨ ᠤ ᠭᠡᠷᠡᠯ ᠦᠨ ᠴᠠᠬᠢᠯᠭᠠᠨ ᠡᠨᠸᠷᠭᠢ ᠶᠢᠨ ᠬᠡᠷᠡᠭᠯᠡᠭᠡ ᠪᠢᠯᠡᠬᠦᠷᠳᠡᠯ ᠢ ᠡᠬᠢᠯᠡᠭᠦᠯᠪᠡ ::

1980 ᠣᠨ ᠤ ᠦᠶ᠎ᠡ ᠳᠤ ᠴᠠᠬᠢᠯᠭᠠᠨ ᠬᠦᠴᠦᠨ ᠦ ᠪᠦᠲᠦᠭᠡᠭᠳᠡᠬᠦᠨ ᠦ ᠬᠡᠮᠵᠢᠶ᠎ᠡ ᠨᠡᠮᠡᠭᠳᠡᠵᠦ᠂ ᠬᠤᠳᠠᠯᠳᠤᠭᠠᠨ ᠤ ᠵᠠᠬ᠎ᠠ ᠳᠤ ᠣᠷᠣᠭᠤᠯᠤᠯᠲᠠ ᠶᠢ ᠡᠬᠢᠯᠡᠭᠦᠯᠪᠡ ::

2000 ᠣᠨ ᠳᠤ ᠭᠧᠷᠮᠠᠨ 《ᠰᠡᠷᠭᠦᠭᠡᠯᠳᠡᠭ ᠡᠨᠸᠷᠭᠢ ᠶᠢᠨ ᠬᠠᠤᠯᠢ》 (2000EEG) ᠶᠢ ᠨᠡᠢᠲᠡᠯᠡᠵᠦ᠂ ᠨᠠᠷᠠᠨ ᠤ ᠭᠡᠷᠡᠯ ᠦᠨ ᠴᠠᠬᠢᠯᠭᠠᠨ ᠳᠠᠮᠵᠢᠭᠤᠯᠤᠯ ᠤᠨ ᠬᠥᠭᠵᠢᠯ ᠢ ᠳᠡᠮᠵᠢᠵᠦ᠂ ᠳᠡᠯᠡᠬᠡᠢ ᠶᠢᠨ ᠨᠠᠷᠠᠨ ᠤ ᠭᠡᠷᠡᠯ ᠦᠨ ᠵᠠᠬ᠎ᠠ ᠶᠢᠨ ᠲᠥᠪ ᠪᠣᠯᠵᠠᠢ ::

2013 ᠣᠨ ᠳᠤ ᠬᠢᠲᠠᠳ ᠤᠨ ᠨᠠᠷᠠᠨ ᠤ ᠭᠡᠷᠡᠯ ᠦᠨ ᠴᠠᠬᠢᠯᠭᠠᠨ ᠡᠨᠸᠷᠭᠢ ᠶᠢᠨ ᠰᠢᠨ᠎ᠡ ᠨᠡᠮᠡᠭᠳᠡᠭᠰᠡᠨ ᠰᠤᠭᠤᠯᠭ᠎ᠠ᠂ ᠬᠢᠲᠠᠳ ᠤᠨ ᠨᠠᠷᠠᠨ ᠤ ᠭᠡᠷᠡᠯ ᠦᠨ ᠴᠠᠬᠢᠯᠭᠠᠨ ᠰᠤᠭᠤᠯᠭ᠎ᠠ ᠶᠢᠨ ᠨᠡᠢᠲᠡ ᠬᠡᠮᠵᠢᠶ᠎ᠡ 3×10^{10} ᠸᠠᠲ / ᠨᠠᠷᠠᠨ ᠤ ᠭᠡᠷᠡᠯ ᠦᠨ ᠴᠠᠬᠢᠯᠭᠠᠨ ᠰᠤᠭᠤᠯᠭ᠎ᠠ ᠶᠢᠨ ᠨᠡᠮᠡᠭᠳᠡᠯ ᠳᠡᠯᠡᠬᠡᠢ ᠶᠢᠨ ᠨᠡᠢᠲᠡ ᠶᠢᠨ 24% ᠢ ᠡᠵᠡᠯᠡᠵᠦ ᠪᠠᠢᠨ᠎ᠠ ::

世界太阳能光伏发展历史

1839 年

法国物理学 Becquerel Alexandre Edmond 首次发现了“光生伏打效应”。

1905 年

爱因斯坦推导出“光电效应”的数学表达式，为太阳能电池的研究提供了理论基础。

1954 年

美国贝尔实验室制成光电转换效率为 6% 的单晶硅太阳能电池，这是太阳能电池的首次实用。

1957 年

美国将太阳能电池应用于“先锋 1 号”卫星，首次实现其空间应用。

1973 年

美国能量转换研究所在特拉华大学建成世界第一个光伏住宅。

1877 年

英国科学家 William Grylls Adams 和 Richard Evans Day 研究制作了第一片硒太阳能电池。

1980 年

日本三洋电气公司完成非晶硅组件批量生产，完成了户外测试。

1978 年

美国在亚利桑那州安装了 3.5 千瓦光伏系统，这是世界首个乡村光伏系统。

2013 年

德国的新能源发电以屋顶分布式为主，光伏发电量为 3×10^{10} 千瓦·时，德国光伏发电量占全球光伏发电量的 24%。

2000 年以后

德国以《可再生能源法》（2000EEG）颁布为标志，率先启动了光伏规模化应用市场，带动了世界光伏制造产业的发展。

ᠳᠤᠮᠳᠠᠳᠤ ᠤᠯᠤᠰ ᠤᠨ ᠨᠠᠷᠠᠨ ᠤ ᠭᠡᠷᠡᠯ ᠳᠡᠭᠡᠭᠦᠷ ᠦᠨ ᠬᠦᠴᠦᠨ ᠦ ᠬᠥᠭᠵᠢᠯᠲᠡ ᠶ᠋ᠢᠨ ᠲᠡᠦᠬᠡ

1958 ᠣᠨ ᠳᠤ ᠳᠤᠮᠳᠠᠳᠤ ᠤᠯᠤᠰ ᠨᠠᠷᠠᠨ ᠤ ᠵᠡᠢ ᠶ᠋ᠢ ᠲᠤᠷᠰᠢᠨ ᠦᠢᠯᠡᠳᠪᠦᠷᠢᠯᠡᠵᠦ ᠡᠬᠢᠯᠡᠪᠡ᠃

1959 ᠣᠨ ᠳᠤ ᠳᠤᠮᠳᠠᠳᠤ ᠤᠯᠤᠰ ᠤᠨ ᠰᠢᠨᠵᠢᠯᠡᠬᠦ ᠤᠬᠠᠭᠠᠨ ᠤ ᠠᠻᠠᠳᠧᠮᠢ ᠶ᠋ᠢᠨ ᠬᠠᠭᠠᠰ ᠳᠠᠮᠵᠢᠭᠤᠯᠤᠭᠴᠢ ᠶ᠋ᠢᠨ ᠰᠤᠳᠤᠯᠬᠤ ᠭᠠᠵᠠᠷ ᠠᠴᠠ ᠬᠡᠷᠡᠭᠡᠯᠡᠬᠦ ᠦᠨ᠎ᠡ ᠴᠢᠨᠠᠷ ᠲᠠᠢ ᠨᠠᠷᠠᠨ ᠤ ᠵᠡᠢ ᠶ᠋ᠢ ᠠᠩᠬᠠ ᠤᠳᠠᠭ᠎ᠠ ᠦᠢᠯᠡᠳᠪᠦᠷᠢᠯᠡᠪᠡ᠃

1971 ᠣᠨ ᠤ ᠭᠤᠷᠪᠠᠳᠤᠭᠠᠷ ᠰᠠᠷ᠎ᠠ ᠳᠤ ᠳᠤᠮᠳᠠᠳᠤ ᠤᠯᠤᠰ ᠨᠠᠷᠠᠨ ᠤ ᠵᠡᠢ ᠶ᠋ᠢ 《 ᠳᠤᠩ ᠹᠠᠩ ᠬᠣᠩ 2 》 ᠳᠤ ᠬᠡᠷᠡᠭᠯᠡᠵᠦ ᠡᠬᠢᠯᠡᠪᠡ᠃

1973 ᠣᠨ ᠳᠤ ᠳᠤᠮᠳᠠᠳᠤ ᠤᠯᠤᠰ ᠨᠠᠷᠠᠨ ᠤ ᠵᠡᠢ ᠶ᠋ᠢ ᠲᠡᠩᠭᠢᠰ ᠦᠨ ᠭᠡᠷᠡᠯ ᠳᠦ ᠬᠡᠷᠡᠭᠯᠡᠪᠡ᠂ ᠨᠠᠷᠠᠨ ᠤ ᠵᠡᠢ ᠶ᠋ᠢᠨ ᠬᠦᠴᠦᠨ ᠨᠢ 14.7 ᠸᠠᠲ ᠪᠣᠯᠤᠨ᠎ᠠ᠃

2009 ᠣᠨ ᠳᠤ ᠳᠤᠮᠳᠠᠳᠤ ᠤᠯᠤᠰ ᠨᠠᠷᠠᠨ ᠤ ᠵᠡᠢ ᠶ᠋ᠢᠨ ᠦᠢᠯᠡᠳᠪᠦᠷᠢ ᠶ᠋ᠢᠨ ᠬᠡᠮᠵᠢᠶ᠎ᠡ ᠪᠡᠷ ᠳᠡᠯᠡᠬᠡᠢ ᠶ᠋ᠢᠨ ᠲᠡᠷᠢᠭᠦᠨ ᠳᠦ ᠵᠢᠷᠤᠯᠠᠪᠠ᠃

2011 ᠣᠨ ᠳᠤ ᠳᠤᠮᠳᠠᠳᠤ ᠤᠯᠤᠰ ᠤᠨ ᠨᠠᠷᠠᠨ ᠤ ᠭᠡᠷᠡᠯ ᠳᠡᠭᠡᠭᠦᠷ ᠦᠨ ᠬᠦᠴᠦᠨ ᠦ ᠦᠢᠯᠡᠳᠪᠦᠷᠢ ᠶ᠋ᠢᠨ ᠬᠡᠮᠵᠢᠶ᠎ᠡ ᠳᠡᠯᠡᠬᠡᠢ ᠳᠦ ᠲᠡᠷᠢᠭᠦᠯᠡᠪᠡ᠃ ᠴᠢᠩᠬᠠᠢ — ᠲᠥᠪᠡᠳ ᠦᠨ ᠲᠠᠯ᠎ᠠ ᠶ᠋ᠢᠨ ᠨᠠᠷᠠᠨ ᠤ ᠵᠡᠢ ᠶ᠋ᠢᠨ ᠴᠠᠬᠢᠯᠭᠠᠨ ᠶ᠋ᠢᠨ ᠰᠲᠠᠨᠼ ᠨᠢ ᠳᠡᠯᠡᠬᠡᠢ ᠳᠦ ᠬᠠᠮᠤᠭ ᠤᠨ ᠶᠡᠬᠡ ᠪᠣᠯᠪᠠ᠃

2012 ᠣᠨ ᠳᠤ ᠳᠤᠮᠳᠠᠳᠤ ᠤᠯᠤᠰ ᠤᠨ ᠨᠠᠷᠠᠨ ᠤ ᠵᠡᠢ ᠶ᠋ᠢᠨ ᠦᠢᠯᠡᠳᠪᠦᠷᠢ ᠳᠡᠯᠡᠬᠡᠢ ᠳᠦ 6 ᠵᠢᠯ ᠳᠠᠷᠠᠭᠠᠯᠠᠨ ᠲᠡᠷᠢᠭᠦᠯᠡᠪᠡ᠃

2015 ᠣᠨ ᠳᠤ ᠳᠤᠮᠳᠠᠳᠤ ᠤᠯᠤᠰ ᠤᠨ ᠨᠠᠷᠠᠨ ᠤ ᠭᠡᠷᠡᠯ ᠳᠡᠭᠡᠭᠦᠷ ᠦᠨ ᠬᠦᠴᠦᠨ ᠦ ᠰᠠᠭᠤᠷᠢᠯᠠᠭᠤᠯᠤᠯᠲᠠ ᠶ᠋ᠢᠨ ᠨᠡᠢᠲᠡ ᠬᠡᠮᠵᠢᠶ᠎ᠡ 4.3×10^{10} ᠸᠠᠲ ᠬᠦᠷᠴᠦ᠂ ᠳᠡᠯᠡᠬᠡᠢ ᠳᠦ ᠨᠢᠭᠡᠳᠦᠭᠡᠷ ᠪᠣᠯᠪᠠ᠃

中国太阳能光伏发展历史

1958 年

中国首次开始研究太阳能电池。

1959 年

中国科学院研制出了首片具有实用价值的太阳能电池。

1971 年

中国太阳能电池成功应用于“东方红二号”人造卫星。

1973 年

中国开始将太阳能电池应用转为地面，在天津港使用 14.7 瓦的太阳能电池为航标灯供电。

2009 年

中国首座大型太阳能光伏高压并网电站在青海西宁竣工并发电。

2011 年

中国建成世界上一次性单体投资规模最大的光伏电站——黄沙格尔木光伏电站一期并网光伏项目，创下了建设规模、总装机容量与占地面积 3 项世界之最。

2012 年

中国太阳能电池产量连续 6 年位居世界第一。

2015 年

中国光伏发电累计装机容量达到约 4.3×10^{10} 瓦，超越德国成为全球光伏累计装机容量最大的国家。

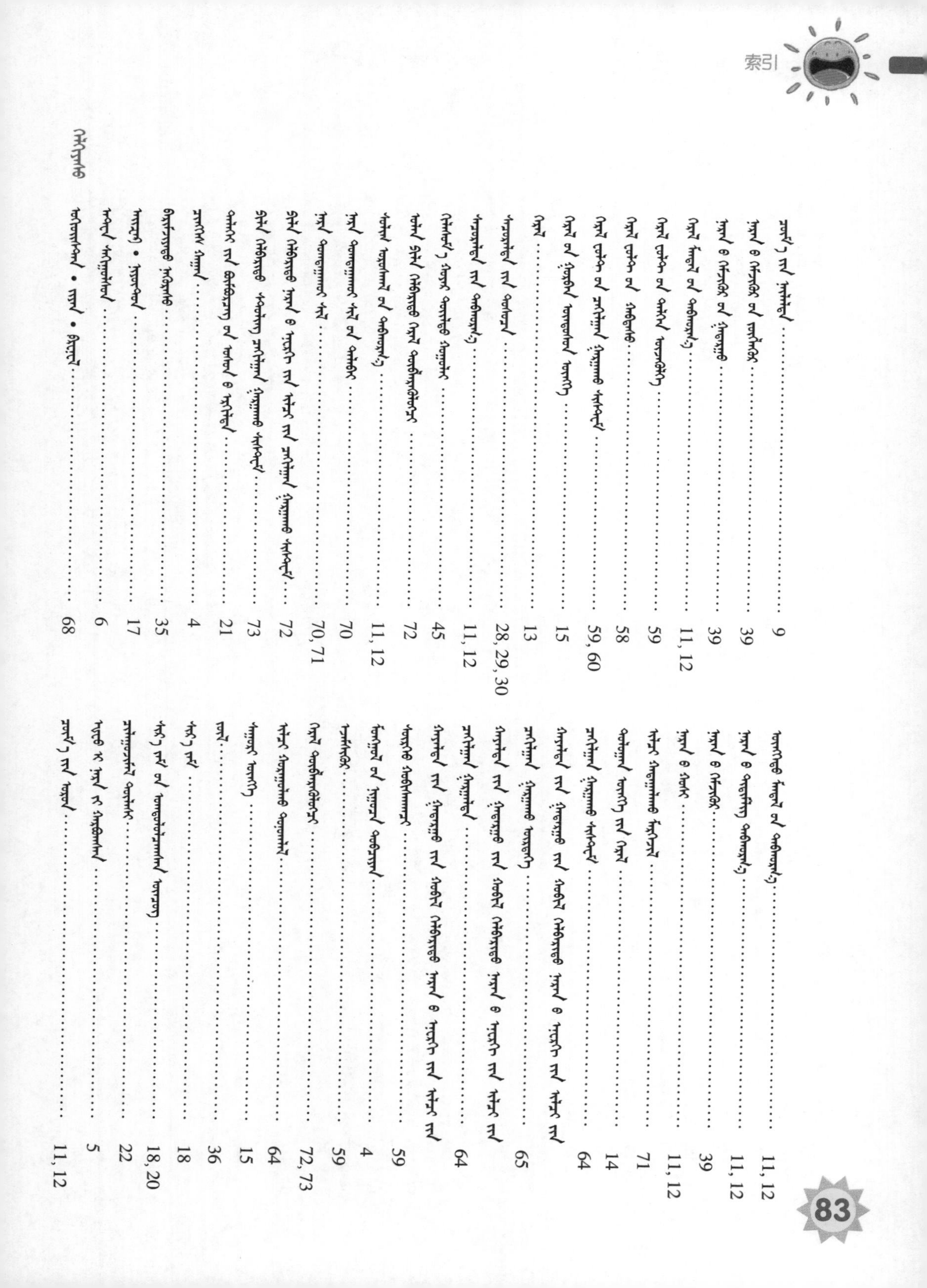

[illegible]

索引